Architectural 局部紫禁城

Details in the Forbidden City

张淑娴 窦海军 著

作家出版社

目 录　　Contents

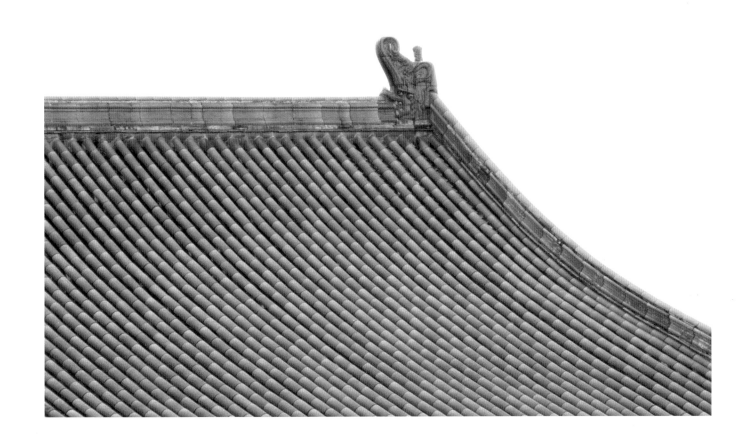

屋 顶

与西方古典宫殿建筑相比较，中国古典宫殿建筑有着鲜明的特点。其外观最明显的特点，就是它那巨大的屋顶。黄色琉璃瓦的大屋顶与深红色的墙，还构成了其独特的色彩风格。如果在紫禁城北面的景山鸟瞰这座皇家宫殿的全貌，尽收眼底的，是一片由大大小小众多屋顶构成的金黄色。大屋顶由一根根硕大的木料为骨架，钻入屋顶的内部观看，体量之大，非常震撼。

由于木质材料的耐久性、防火性远不及石材，导致中国现存古建筑的年龄远不如欧洲建筑。紫禁城是中国现存的最高规制的宫殿古建筑，在它 600 年的历史中，很多宫殿多次因火灾而重建。紫禁城中最高规制的单体建筑是太和殿，它采用的理所当然是最高规制的屋顶——重檐庑殿顶。太和殿的屋顶是紫禁城建筑群中最大的屋顶，也是中国古典宫殿建筑中最大的屋顶。其屋顶上的功能性、装饰性的琉璃构件及檐下的彩画、门窗上的窗花也是规制最高的。宫殿飞檐上的走兽，最高规制为 10 个，若想看到全部的，也只能来到太和殿。

景山公园鸟瞰紫禁城

高低错落的殿宇楼台、亭轩廊庑（wǔ），构成了紫禁城古代建筑群。从建筑的外观轮廓看，各种建筑的屋顶好像很相似，都是檐角分明的屋顶上覆盖着以黄色为主的琉璃瓦，但仔细看来，则样式繁多，各不相同，不但有庑殿顶、歇山顶、悬山顶、硬山顶、攒尖顶、盝（lù）顶、卷棚顶之分，还有单檐、重檐之别。人们漫步在古建筑群中，辨认、玩味这多变的屋顶，实在是一种雅致的闲趣。

采用什么样的屋顶形式，也是根据建筑等级、用途的不同来确定的。重檐庑殿顶为最高等级的屋顶形式，重檐歇山顶仅次于重檐庑殿顶，其后依次为单檐庑殿顶、单檐歇山顶、悬山顶、硬山顶、攒尖顶、盝顶、卷棚顶等。紫禁城建筑屋顶的多样形式不仅区别着建筑的级别，而且是中国皇家建筑多样统一美学风格的具体体现。

单檐庑殿顶

庑殿顶

庑殿顶最明显的特征，就是它把屋顶做成前、后、左、右四大坡，雨水可从四面连续流淌，所以又称庑殿顶为四阿式或四注式顶。庑殿顶的四面坡相交形成四条斜屋脊，加上屋顶的横向正脊一共有五条脊，因此又称其为五脊殿。早在《周礼》中就有"重屋四阿"的记载，四阿顶显然为中国较早的屋顶形式之一。正因为此，它被认为是最能代表中国风格的屋顶。

单檐庑殿顶建筑的屋顶构架宏大，四个坡面的檐角均做成反曲的弧线形，体态稳定，轮廓优美，翼角舒展，表现出宏伟的气势，严肃的精神，强劲的力度，具有突出的雄壮之美。这种形式的屋顶多用在皇宫、王府、寺庙等级别较高的建筑中。紫禁城中的英华殿、景阳宫、体仁阁、弘义阁等就是这种屋顶形式。

太和殿重檐庑殿顶

　　庑殿顶还有一种重檐形式，就是在四阿顶的下面增加一层腰檐，扩大屋身和屋顶的体量，增加屋顶的高度和层次，把单檐庑殿顶的宏伟、庄严、雄壮之美推到了新的高度，成为最隆重的屋顶形制，也是最高级别的屋顶形式。太和殿是紫禁城内最高等级的建筑，屋顶形式理所当然采用了重檐庑殿顶。此外，乾清宫、坤宁宫、奉先殿和皇极殿等紫禁城内较高级别的建筑，也覆以重檐庑殿顶。

重檐庑殿顶檐角

单檐歇山顶

歇山顶

重檐歇山顶侧面

歇山顶比庑殿顶略低一级，它是硬山顶和庑殿顶的结合形式，从外观看可分为上、下两部分。上部为前后两面坡的形式，左右两端是用山花、博缝板做成的垂直立面。下部为类似于四面坡的庑殿顶形式。由于它上部有正脊与四垂脊，檐部有四条岔脊或称戗脊，共计九条脊，所以又称九脊殿。歇山顶形态构成复杂，翼角舒张，轮廓丰美，脊饰丰富，既有宏大豪迈的气势又有华丽多姿的韵味。紫禁城内歇山建筑的山墙为红色，山花板隐刻的图案涂以

重檐歇山顶

歇山顶山花板

金色，红底金花在阳光的照耀下，熠熠发光。紫禁城内的殿、阁、门、楼很多都采用歇山顶。东西六宫前殿也都是歇山顶。歇山顶也有重檐的做法，称为重檐歇山顶，多用于高大的殿阁，如天安门、端门、太和门、保和殿、宁寿宫、慈宁宫等。重檐歇山顶强化了单檐歇山顶壮美的一面，又赋予它隆重的形象，使它超过单檐庑殿顶的气势，成为一种仅次于重檐庑顶殿的建筑屋顶形式。保和殿建筑等级仅次于太和殿，便采用了重檐歇山顶。

四角攒尖顶

攒尖顶

攒尖顶大致可分为四角攒尖顶和圆形攒尖顶。四角攒尖顶分成相等的四面坡，四面坡和四条脊逐渐向上收缩聚拢，最终汇为一点，上面再安装宝顶固定，成为屋顶的最高点。攒尖顶多用于花园中的建筑。花园中的凝香亭、玉翠亭、耸秀亭、撷芳亭均采用的是小巧玲珑的四角攒尖顶。如果级别高的宫殿采用四角攒尖顶，顶端往往会安装镀金圆宝顶，象征天圆地方之意，如中和殿和交泰殿。四角攒尖顶也有重檐做法，如午门的四角亭。

圆形攒尖顶同样向上汇聚一点，但是没有脊，不分成几面，是圆形的，整个屋顶的形状与从前的油纸雨伞很是相像。屋面瓦垄自下而上，每垄筒、板瓦逐渐缩小，称"竹节瓦"。圆形攒尖顶的最高端同样安装有宝顶。御花园中的千秋亭、万春亭，采用的就是这种屋顶。

雨花阁四角攒尖顶

圆形攒尖顶

神武门内房屋的悬山顶

悬山顶

　　悬山顶是我国古建筑中常见的屋顶形式之一。屋顶有前后两面坡，屋顶左右两端悬挑出墙面，故称为"悬山顶"。悬山顶建筑沿着两山檩头钉有博缝板。这种屋顶两山的表现力很弱，适合于充当"靠边站"的配角，一般用于等级较低的建筑上。

主要庭院中的配房，如文华殿、武英殿的配殿采用的就是悬山顶。紫禁城内悬山顶建筑形式较简单，檐口平直，轮廓单一，显得简洁、淡雅。

紫禁城内的低级别房屋的硬山顶

硬山顶

　　硬山与悬山很相似，都是由正脊、四条垂脊和两面坡组成。不同的是硬山顶的左右不超出墙面，与山墙平齐。硬山顶比悬山顶更加朴素、憨厚，并略有一些拘谨。这种屋顶用于等级较低的建筑中。紫禁城中低等级的房屋，如耳房、廊庑等多使用硬山顶。有的硬山顶的山墙用琉璃贴面，为的是加强屋顶的装饰性。大多数民房，实际上采用的就是硬山顶。

紫禁城内十三排的硬山顶

卷棚歇山顶

卷棚顶

卷棚顶是建筑的屋顶前后两坡相交处不做大脊，瓦垄直接卷过屋面，屋顶的正脊隐匿于屋瓦下面。因此在屋顶两面坡的交接处看不到正脊，取而代之的是两面坡的屋瓦不间断的弧形过渡。远远看去，卷棚顶的最高处是弧形的。卷棚顶有卷棚硬山顶、卷棚悬山顶、卷棚歇山顶三种形式。其实它们就是看不到正脊的硬山顶、悬山顶和歇山顶。

卷棚顶的感觉不如庑殿顶、歇山顶庄重、华贵，但卷棚顶却彰显着轻快、柔和、流畅、简洁的艺术魅力。这种美学风格，注定了卷棚顶一般不用于重要的宫殿建筑上，而多用于花园中比较随便、活泼的建筑。紫禁城宁寿宫花园内的倦勤斋、景祺阁、梵华楼等建筑的屋顶都采用了卷棚形式。此外，民间的私家花园也大量采用了卷棚顶。

卷棚硬山顶

御花园内钦安殿背影

盝 顶

　　盝顶形似古代存放印玺的匣匣，屋脊用一道交圈的女儿墙，围成一个矩形，矩形内是平顶，平顶下是四面坡。更好理解的描述是，盝顶就像是一个庑殿顶被拦腰截断。盝顶矩形的平顶宛若一个水池子，雨天很容易积水，怎样才能把屋顶的积水排出去呢？古代设计师巧妙地在屋脊之下、两筒瓦垄之间、板瓦垄之上安装一个"过水当沟"，使池子里的水顺利排出。紫禁城内盝顶建筑很少，御花园的钦安殿和花园内的两个井亭为盝顶形式。井亭顶采用的是八角形结构的盝顶，顶子中央随形开了一个八角形洞口。

钦安殿正面

紫禁城东北角楼及护城河

角 楼

紫禁城长方形城墙的四个角各有一座角楼，虽体量不大，但它们的独特和美丽，却使之成了紫禁城建筑群中"大明星"般的标志性建筑。

角楼的实际作用是瞭望警戒，但是为了追求天宫仙阁般的意境，角楼没有采用简单的方形或圆形，而是采用多角、多檐、

多山花、多屋脊的玲珑绮丽的造型。远远望去，但见檐角起翘，参差错落，层层叠立，轮廓繁复，婀娜多姿，颇似画中楼阁。角楼平面呈曲尺形，屋顶是三重檐。上层檐由四角攒尖顶和歇山顶组成，屋脊纵横交叉，屋顶正中安铜质镀金宝顶。中层檐采用抱厦和亮山相互勾连的歇山顶。下层檐采用多角相连的屋

顶。数不清角楼共有多少个角和吻兽，这一直是游人的一个游趣，实际上角楼共由六个歇山顶组合而成，三层屋檐共有28个翼角，10面山花，72条脊，屋脊上的吻兽共230只。

　　形式之繁复，工艺之复杂，角楼在中国古建筑中可谓之最。传说当年建造角楼时，明成主朱棣梦见一座动人的建筑有"九梁十八柱，七十二条脊"，外形美妙无比。于是命匠人照此样建造，并须在九天内完成，做不出来就要杀头。由于设计难度大、工期紧，设计师们心急如焚，废寝忘食，但还是琢磨不出它的样子来。结果匠师们的辛劳感动了神仙鲁班，他化成一位长者，从天宫下凡到工匠们的住所，搁下了一个蝈蝈笼就离开了。工匠们看着这个笼子苦思冥想，终于悟出这个蝈蝈笼恰好"九梁十八柱，七十二条脊"，正是角楼的模型。角楼便依此建成。这虽然是一个传说，但却说明了设计、建造角楼的难度。

　　角楼建在沉实、简单、长且平的城墙上，外观显得上浮下紧，颜色则下素上彩，这种对比的配置，更增加了角楼的气势。风和日丽时，角楼的影子倒映在护城河的碧波中，上下呼应，宛若琼岛仙境，别有一番诗情画意。

三重屋檐翼角局部

飞 檐

古代诗歌中用"如鸟斯革，如翚斯飞"来形象地描绘中国古典建筑屋顶出檐大、微微反曲，飞檐翘角的特点。笨重的大屋顶竟然会给人以小鸟展翅飞翔的轻盈感觉，这是人类建筑美学上的一个重要成就，也是中国古建筑主要的美学特征之一。然而飞檐的形成，却首先源于实用目的。

中国古建筑的木质门窗和窗户纸都很怕雨淋，砖墙的底部也怕长期被水浸泡，只有大大的屋檐，才能弥补这种材料方面的缺陷。然而大屋檐又很不利于室内采光，这对没有电力照明，没有玻璃窗，又三面无窗的殿堂来说是难以容忍的。如何解决挡雨和遮光这对矛盾呢？于是便将屋檐微微扬起。"上反宇以盖载，激日景而纳光"，意思就是将屋檐稍稍向上翻起，屋内才能感受到阳光的照射。飞檐还有另一个好处，就是和缓上扬的屋檐曲线可减缓屋顶上雨水的流速，从而减小了它对地面的冲击破坏力。

中国越是往南方，雨水越大，所以越往南方，飞檐就越长越翘，而我国南北建筑，"北以雄健胜，南以秀丽纤巧见长"

飞檐仰视图

的风格差异，也是与北方建筑檐角的平实庄重、南方的轻灵妩媚相辅相成的。

关于屋檐起翘的原因，还有其他一些解释，但有一点是确定的，就是巍峨高耸的屋顶，如翼轻展的屋檐，再配以金碧辉煌的琉璃瓦和神秘生动的脊兽装饰所形成的极其堂皇的冠冕模样，是中国古建筑最显著的特点之一。

正脊

垂脊

垂兽

戗脊

戗兽

屋顶外观局部注释图

龙吻

山花板

饯兽

走兽

仙人

套兽

龙 吻

远远望去，太和殿屋顶正脊两端各有一个龙头模样的构件。它龙纹造型，四爪腾空，张口吞脊，尾部上卷，背插宝剑，这便是"大吻"。因其安置在建筑的正脊上，所以也称为"正吻"。又因它的形象似龙，而称"龙吻"。

大吻是从古代建筑上的鸱（chī）尾演变而来的。《唐会要》中记载了一个故事，大意是汉代的宫殿柏梁殿被火烧毁，越地的巫师说海里有一种鱼，鱼尾的形状像鸱（猫头鹰），拍打海浪就能下雨，把这种动物放在屋顶上，可以起到镇火消灾的作用，

于是人们开始在屋脊上安放鸱尾。后来，鸱尾逐渐演变为鸱吻，明清时定型为龙吻。鸱尾与龙吻的形象有所不同。鸱尾突出的是高峻雄健的尾部，大吻则突出的是大口吞脊，因此称之为"吻"。虽然形象有所区别，但含义都是镇火消灾。民间传说龙生九子，其中第二子"曰螭吻，形似兽，性好望，今屋上兽头是也"。说的就是这个动物。至于它背上的宝剑，传说是怕它逃遁而将之插定稳住的。

大吻不只用来装饰，还有一定的实用功能。它吞住的是正

太和殿的龙吻

脊和垂脊的交会点，有强化交接点、加强牢固性的作用。大吻上方还有小开口，用来灌注填充物，剑把实际上是封闭这个开口的塞子。

太和殿大吻高3.40米，宽2.68米，厚0.52米，重约4.3吨，由13块琉璃构件组成，是中国现存古建筑中最大的大吻。清代对吻的使用有着严格的规定。龙吻只能用于官式建筑上，吻的大小要依宫殿的大小、建筑的等级而定。建筑等级越高，吻的

体积就越大，不得越制。太和殿是故宫内等级最高的建筑，大吻的尺寸也是紫禁城中最大的。

古代把建筑上的大吻视为神兽，非常重视。大吻制成后，要派一品大员前往烧造窑厂迎接。安装大吻，要选择良辰吉日，还要焚香，行跪拜仪式，以表敬意。

垂兽

饯兽

套兽

垂兽、套兽、饯兽位置图

垂 兽

  中国古代建筑有一个重要的特征，就是屋顶上装饰着很多动物。檐角上排列着一排小像，排头的是一个骑在鸡背上的小人，其后是一排小兽，最后面有一个较大的兽头，便是"垂兽"。垂兽为琉璃制品，有双角，中间掏空，用来钉入垂兽桩。在很多建筑外行人眼中，它们似乎只是装饰构件，垂兽的实际作用是加固屋脊相交位置的结合点。屋顶的其他位置上也有这样的兽头，戗（qiāng）脊上的叫"戗兽"。仔角梁上的叫"套兽"，也是中部掏空，套住仔角梁头，保证梁头不致被雨水侵蚀，并起到加固屋顶的作用。

垂兽与戗兽的外观通常一样

套兽

仙 人

　　檐角上最前面的骑在鸡（或凤）身上的小像叫仙人，又称真人或冥王。据说这位仙人是齐闵王的化身，民间有"日晒闵王，走投无路"的说法，说东周列国时的齐闵王，被燕将乐毅所败，仓皇出逃，四处碰壁，走投无路，后来被飞来的一只大鸟所救。在屋檐的顶端安置这个"仙人骑凤"或称"仙人骑鸡"，大概还有绝处逢生、逢凶化吉的象征意义。

太和殿走兽

走 兽

　　檐角上，垂兽和仙人之间的小兽统称"走兽"。它们个个昂首蹲踞，各有名称，也各有一个神奇的传说。太和殿的走兽，依次为龙、凤、狮子、海马、天马、押鱼、狻猊（suān ní）、獬豸（xiè zhì）、斗牛、行什。

龙传说它的形象是由牛头、鹿角、马鬃、蛇躯、鳞身、鱼尾、鹰爪集合而成的。龙能在水中游，云中飞，陆上行；能呼风唤雨，行云拨雾，集各动物的美德于一身，为万物之灵，有着无穷的威力。

凤是传说中的百鸟之王，鸡头鸟身，蛇颈鱼尾，燕颔鸡啄，人目鳄耳，鹤足鹰爪。它是一种"仁鸟"，是祥瑞的象征；它的出现，预兆天下太平，人们的生活将美满幸福。

狮子头大尾长，铜头铁额，钩爪巨牙，弭耳昂鼻，目光如电，声吼如雷，怒则威在齿，喜则威在尾，每一吼则百兽避。其性忠威有力，是兽中之王，金精之刚，在佛教中为护法王，是勇猛威严的象征。

海马能入海入渊，畅达四方。天马和海马都是忠勇之兽。

天马状如马，能日行千里，追风逐日，凌空照地，是人们心中的神马。

龙

凤

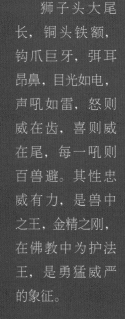

狮子

海马

天马

押鱼

狻猊

獬豸

斗牛

行什

押鱼为鱼身，有鳞，头如狮，有足，外形似古代的"蚪龙"，即有角的小龙。它是鱼与兽相结合的一种动物，可镇灾防火，也是吉祥的化身。

狻猊形状像狮子，古代的狻猊也就是想象中的狮子，它头披长长的鬃毛，因此又名"披头"。《尔雅·释兽》中说："狻猊，食虎豹。"它凶猛无比，可镇灾降恶。

獬豸是传说中的神羊，形状如羊，一角，青色四足，性格忠勇而正直，因此也立于狱前，是正义的化身。

斗牛是虬螭（qiú chī）的一种，牛头牛身，身上有鳞；遇阴雨作云雾，常蜿蜒道旁及金鳌玉栋之上，能逢凶化吉。

行什造型像只猴子，但背有双翼，且手持金刚宝杵，具有降魔的功效；又因其形状很像传说中的雷公或雷震子，放在屋顶，是为了防雷。

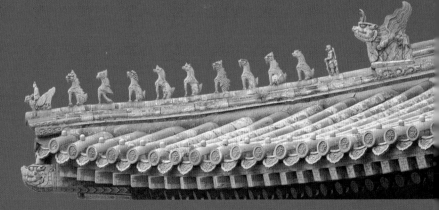

选择这些神话动物做饰件，首先是为了突出殿宇的威严。这些动物还都有消灾灭祸，主持公道，铲除邪恶的寓意，将它们置于屋脊之上，以希望风调雨顺，国泰民安。

走兽也有实用功能，因为有一定的斜度，脊瓦便有下滑的可能，故在角梁上需用多个铁钉加以固定，为掩饰铁钉不美观的痕迹并保护铁钉免受雨淋，匠师们便在钉帽上加饰了这些琉璃小兽。屋脊上的这些大吻与走兽都是基于功能的需要加以美化而形成的，体现着理性与浪漫的交织。

清代规定只有官式建筑才能安置吻兽，民间建筑不许使用。走兽数量的多少是依宫殿的大小、建筑的等级而定的。走兽最多可达九只，随着建筑等级的降低而递减。小兽的减少是从最后的"行什"依次往前减的。太和殿走兽的数量最多，而且是中国古建筑中有十个走兽的特例。乾清宫建筑等级仅次于太和殿，檐角走兽为九个（减去"行什"），坤宁宫的走兽数为七个，东西六宫为五个，一些门庑和琉璃门顶上的小兽仅用一至三个。

"走兽"的体态原本差别很大，而在队列中，却统一采用蹲坐姿态，形成大同小异的造型，只有仙人的姿势，与走兽有所区别，但这区别与它排头的位置相适宜。远处观赏高高檐角上的这排小神像，往往以明亮的天空为背景，所以在人们的印象中，它们更多是一幅优美的剪影图画。

宝 顶

　　紫禁城中和殿的顶部有一个金黄色的圆形构件，人们称它为宝顶。

　　凡是攒尖顶的建筑，整个木构架都是向上收缩的，并最后聚集在屋架顶端一根垂直的木柱上。这根孤零零的木柱，很容易遭到雷击，因此称为雷公柱。雷公柱就像一把伞的伞柄，它把所有的角梁后尾的戗木固定在自己身上，是整个屋顶的中心支点。如果这根柱子损坏，整个屋顶就会散架。在这根木柱的顶端安置一个宝顶，首先是为了保护下面的雷公柱免遭雨水的侵蚀。此外，就审美规律而言，攒尖顶的最上端如果没有这样一个东西，会给人以屋顶的斜面与斜线汇聚无终、飘洒无始的不和谐感觉，就像是一篇文章没有开始，一个乐章没有结尾。

　　与整个建筑相比，虽然宝顶的体量很小，却起到了使整个建筑沉稳堂皇的重要作用。正因为宝顶在攒尖顶建筑造型中如此重要，工匠们才会想方设法把它制作成各种富有装饰性的形状，以增加建筑的美感。

　　中和殿四角攒尖顶的正中安置的是镏金宝顶，它在阳光的照耀下光彩夺目。这个宝顶通高3.16米，直径最大处约1.5米，由三部分组成。上为铜质宝瓶，通体镏金；中为带束腰的铜质镏金基座，基座上雕刻云龙图案，并饰以莲瓣、宝珠；下部是琉璃基座，上面雕饰仰覆莲和宝相花。

　　紫禁城中有30多处建筑使用了形式不同的宝顶。就其材质

中和殿的宝顶

御花园内建筑的宝顶

宁寿宫花园碧螺亭

而分，有琉璃宝顶，有铜质宝顶；从形状看，有束腰圆形，也有束腰方形，还有宝塔形；规格或雄伟高大，或小巧玲珑，各有风姿。一般说来，琉璃宝顶色泽艳丽，姿态丰富，但秀丽有余，庄严不足。而铜质镏金宝顶则庄严、宏伟、简洁、大气。因此，重要的攒尖顶建筑都使用铜质镏金宝顶，而较随意的花园中的亭台楼榭则多用琉璃宝顶。

宁寿宫花园碧螺亭冰裂梅宝顶

御花园内万春亭的宝顶

御花园中的万春亭和千秋亭均为圆形攒尖顶建筑，屋顶安装琉璃宝顶。万春亭宝顶的形状似瓶，绿色琉璃底上浮雕黄色龙凤荷花纹饰，宝瓶上有一个小立柱，柱上顶着一个伞状的铜质镏金华盖，华盖上缀着成串的璎珞，在宝瓶和华盖的外面还有火焰纹等附加装饰，整个宝顶造型生动而华丽，制作精美。

千秋亭宝顶的式样与万春亭基本相同，装饰也几乎相同，绿色琉璃底上浮雕黄色龙凤牡丹图案。所不同的是宝瓶外面不另加装饰，比万春亭的造型略简洁一些，但仍不失华丽精美。这两个建筑都处于佳木葱郁、繁花似锦的御花园中，宝顶衬以蓝天白云，显得格外艳丽。

御花园内千秋亭的宝顶

琉璃瓦

站在景山山顶向南鸟瞰，高低错落的紫禁城宫殿群，覆盖在金黄闪亮的琉璃瓦之下。这是北京的一大著名景观，一个庞大的建筑群有如此漂亮的俯瞰效果，这在世界古典建筑中也是极其罕见的。中国古人很善于登高而望，画家们尤其常以俯视的角度来创作山水风景画，进而形成了散点透视，这是中国画有别于古典西洋绘画焦点透视的一大特点。金光灿灿，富丽堂皇，这是鸟瞰紫禁城的主色调。若仔细察看，我们还会发现，紫禁城屋顶琉璃瓦并不都是黄色的，还有少量的蓝色、黑色和绿色夹杂其间，这是为什么呢?

中国古建筑很注重色彩设计，而且不同色彩的搭配并不只是为了美观，还与中国古代的五行学说相关联。五行说认为天地万物都是由木、火、水、金、土五种元素组成的。这五种元素还各代表一个方位——东、南、中、西、北；也各代表一种颜色——青、赤、黄、白、黑。同时它们还代表着生、长、化、收、藏这种生化过程。五种元素之间还有着相生相克的辩证关系，即木生火，火生土，土生金，金生水，水生木；又木克土，土克水，水克火，火克金，金克木。根据五行学说，黄色属土，土方居中，故黄色为中央之色，因此故宫内的屋顶绝大部分用

神武门内黑色琉璃瓦建筑

黄色。《易经》中又说："君子黄中通里，正位居体，美在其中，而畅于四支，发于事业，美之至也。"所以黄色自古以来就被认为是居中的正统颜色，为中和之色，居于诸色之上，是等级最尊的颜色，为皇帝专用之色，所以皇帝穿的龙袍是黄色的，皇家的屋顶也以黄色琉璃瓦为主。

紫禁城东部的"南三所"系皇子皇孙们居住的宫殿，由绿色琉璃瓦覆顶。五行中的"木"，在颜色中主"青"——绿和蓝，在生化过程中主"生"，在方位上主"东"，它是木叶萌芽之色，象征温和之春，代表着日出东方。因为对于年幼的皇子皇孙来说顺利生长是最重要的，所以他们的居所便以绿瓦覆顶。

位于紫禁城北门——神武门内两边的东西大房以黑色琉璃瓦覆顶，是因为北在五行中属"水"，色彩为黑色。紫禁城中的文渊阁是宫内的藏书楼，也是黑瓦覆顶，它是仿照浙江宁波的天一阁建造的。天一阁的名称取自"天一生水"，"天一"者，寓水之意，水可灭火。而藏书最怕火灾，所以名曰"天一阁"，意在避火保平安。

表现五行中的五色最为明显的是紫禁城西南的社稷坛（现在的中山公园）。坛顶用青、赤、白、黑、黄五种颜色的土堆积而成，五种颜色代表着东、南、西、北、中五个方位，进一步代表国家的疆土。坛四周的矮墙顶也按五行中的颜色覆盖各

紫禁城内花园建筑彩色琉璃瓦

种颜色的琉璃瓦，东方为青蓝色，南方为赤色，西方为白色，北方为黑色。

琉璃，是硅酸化合物经高温烧成的釉质物。最原始的琉璃，是古代人在烧制陶器的过程中偶然发现的。人们在制陶的窑中，发现了一些光泽晶莹的琉璃珠粒，非常好看，可以用来做装饰品。琉璃的烧制过程并不十分复杂，先要选择黏性大、可塑性强的细黏土，然后制坯、塑形，放到窑内烧制，出窑后上釉料，再第二次入窑烧出色彩斑斓的琉璃制品。在釉中加入不同金属的氧化物，便会产生不同的色彩。例如，加氧化铁生黄色；加氧化铜生翠绿色；加氧化钴生蓝色。与普通的布瓦相比，琉璃瓦的硬度大，寿命长，鲜艳的色彩经久不褪。尤其它不吸水，雨后不会增加屋顶的重量，这对于屋顶本来就硕大沉重的中国古建筑来说，也是很重要的。

琉璃瓦的大量使用在元、明、清，现存的紫禁城宫殿，就

花园建筑彩色琉璃瓦与卷棚顶相组合

是一个琉璃的海洋——琉璃瓦、琉璃兽件、琉璃照壁、琉璃花门、琉璃栏杆等各种琉璃制品，在宫殿群中争奇斗艳，流光溢彩。

　　元代在北京兴建大都，屋顶大量使用各种琉璃瓦，由于所需数量巨大，因此在城南的海王村建了一座琉璃窑厂，专为皇家烧制琉璃瓦件。这便是今天宣武区"琉璃厂"地名的由来。明代仍沿用元代的琉璃厂窑。清代规定"京城之北五里之内不得设窑"，是因为北京多刮西北风，窑址设在北京城北边，容易造成空气污染。清代康熙年间，官烧琉璃窑厂迁到北京门头

沟琉璃渠，这里距离琉璃原料产地较近，烧造起来方便，同时，距京城更远，便于保持京城的空气清洁。

　　琉璃瓦的使用也有严格的规定。只有皇家和寺庙建筑可以使用黄色琉璃瓦，王公大臣的房屋只能用绿色琉璃瓦或本色瓦，而一般老百姓的房屋不能使用琉璃瓦，即使是大富人家，也只能使用普通的布瓦。所以现存大量的民间高级建筑，如山西平遥古城、江苏昆山的周庄、安徽歙县的西递村等民间豪华建筑群，我们都看不到琉璃瓦。

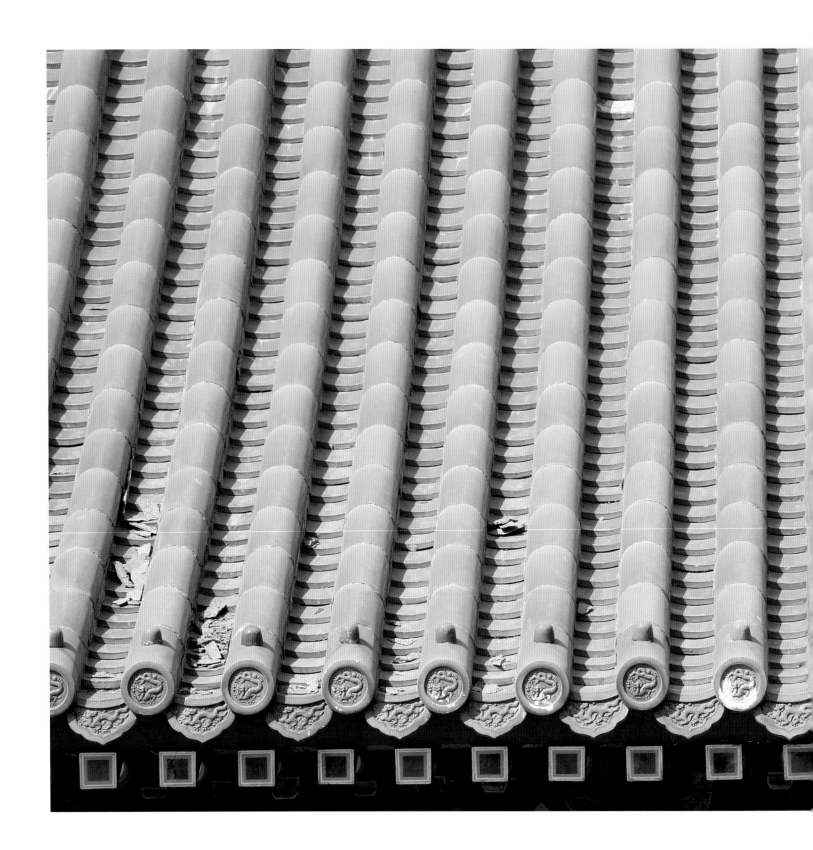

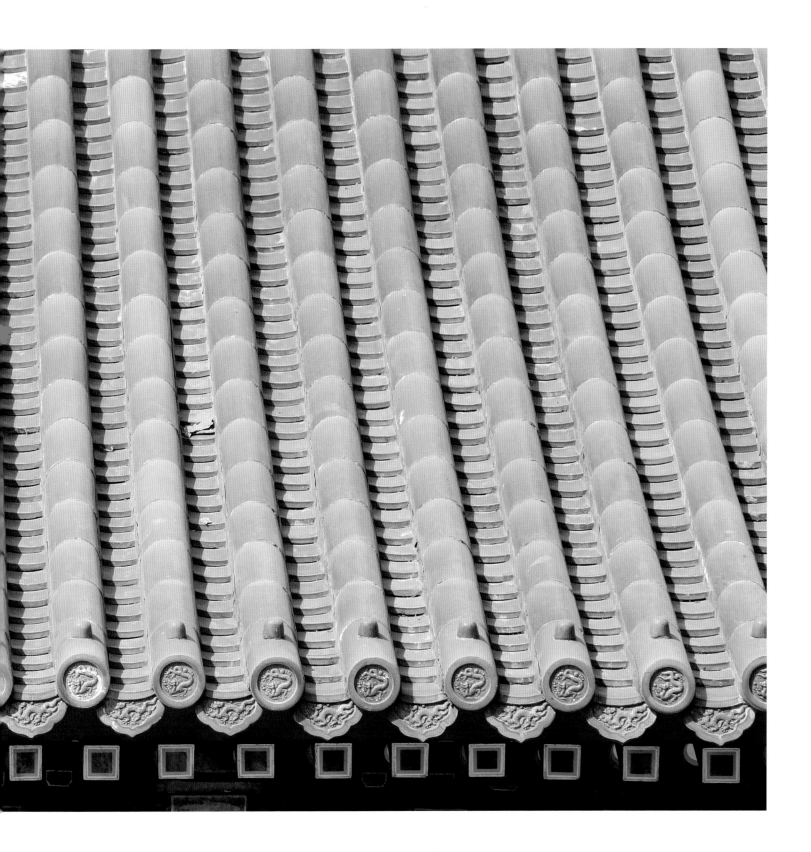

板瓦　　　　筒瓦

瓦

　　紫禁城建筑屋瓦家族的主要成员是板瓦、筒瓦、勾头、滴水、钉帽等。它们手挽手、肩并肩地覆盖在屋顶外面，既挡风遮雨，又华丽气派。

板瓦

板 瓦

板瓦，是瓦件中的主力军。远远望去，宫殿的瓦顶表面由凹下去的瓦沟和凸出来的瓦垄两部分构成，瓦沟部分用的都是板瓦。板瓦的截面为八分之一圆周的弧形，它一垄垄成排仰铺在屋顶的泥面上，上下两瓦一般按压一露二的规律搭接覆盖，这样不但雨水可随坡下流而不漏，就是暴风将屋顶雨水吹得有些逆流，也会因为"压一露二"而不漏水。每块板瓦的上部稍宽，下部稍窄，制成这种形状是为了方便层层叠压。

筒 瓦

和板瓦一样，筒瓦同样是瓦件中的主力军，所有凸起的瓦垄，用的都是筒瓦。筒瓦的截面弧度比板瓦大，成半圆形，每块筒瓦的尾部都有一个舌片似的榫头，称为熊头，它用来与上面的另一块筒瓦相搭接，这样既可以加强连接，也有利于密封防漏。与板瓦不同的是，筒瓦前后瓦的接口不靠搭接防漏，而是用泥灰密封粘牢。筒瓦骑扣在两垄板瓦的接缝处，防止雨水从接缝漏下。金碧辉煌的琉璃瓦大屋顶，实际上就是这样由一垄板瓦、一垄筒瓦阴阳相扣铺成的。

筒瓦

瓦 当

　　站在屋檐下抬眼望去，便可看到屋檐的前端有一排带有装饰花纹的琉璃瓦，这就是中国古建筑中的瓦当（dāng）。元代以前叫瓦当，明清两代则称之为勾头，但在老百姓中，更被人知的叫法还是前者。瓦当的后部和筒瓦大体相同，为半个圆柱体，只是最前端多了一块圆盘形的雕花挡头，它的安装位置是每垄筒瓦的最前面一块。瓦当的作用是挡住每一垄筒瓦不下滑，还有很好的装饰作用。瓦当的"当"与"挡"字通假，就是挡住的意思。瓦当的背上留有一个圆孔，瓦钉由此钉入木椽将瓦当固定，同时防止整垄筒瓦下滑。不过瓦钉防滑受的力并不大，因为每块筒瓦里面都充满了黏合灰泥，基本上是固定在板瓦上面的，而板瓦下面又是有一定黏着性的灰泥，摩擦力也很大。

　　瓦当的安装位置决定了它应该是最漂亮的瓦件。我国春秋时期就开始使用瓦当，当时的瓦当为半圆形，挡头表面纹饰以饕餮纹、涡纹最多。战国时期的瓦当上多饰以动物纹，且为对应的纹饰，如双马纹、双鹤纹等。秦汉时期，瓦当的形状发生了变化，前端的半圆形挡头变成了圆形。较流行的纹样是青龙、白虎、朱雀、玄武四神纹和"长乐未央"等吉祥文字纹。琉璃瓦当出现于魏晋，隋唐时期以绿色釉居多，蓝色釉次之，纹样有饕餮纹和莲花纹等。宋代宫阙的琉璃瓦以黄色为主，故黄色

的瓦当大量出现，纹样有葵花、朱雀和花瓣等。明清两代的勾头，有黄、绿、青、蓝、黑、白等颜色，纹样大异于前代，宫殿建筑上的瓦当基本上都饰以龙纹。小小的瓦当竟有如此的历史和花样，这也就不难理解为什么后人会争相收藏它了。

滴 水

　　滴水和瓦当安装的位置差不多，但它是每排板瓦的最前面一块，我们站在地上看到的琉璃瓦檐，实际上是由一个瓦当、一个滴水交替排列而成的。滴水用来封护板瓦的底端，使雨水顺其滴下。滴水的后部和板瓦一样，前部垂下的如意形舌片上雕饰着花纹。花纹多为龙纹，有些建筑上饰莲花纹，与瓦当的龙纹交相辉映。有的滴水的面部还有钉子眼，是为了安装铁钉防止板瓦下滑用的。还有一种舌片为梯形的滴水，称为花边滴水。它的纹饰多为较简单的绳纹，是宋元时建筑上流行的式样，明清时期逐渐被如意形滴水所代替。

钉帽对铁钉有防腐作用

钉　帽

　　每个瓦当筒身的上部都有一个馒头形琉璃构件，这就是钉帽。很多人以为它是一个纯粹的装饰件，没有什么实际作用，只是为了好看，其实在它的下面是铁钉。为了防止筒瓦下滑，排在筒瓦最前面的瓦当是用钉子固定在梁椽上的。铁钉上安装一个钉帽挡住雨水，防止铁钉锈腐。钉帽形状像一个高桩的馒头，中间是空的，使用时直接扣在铁钉上。当然了，钉帽与瓦当的接触面要用灰泥封严，以防漏水。

　　在实用的基础上加以比较简洁的雕琢装饰，这是一种较高的美学境界，紫禁城建筑的檐头就遵循了这一原则。与这一原则相对立的是过于烦琐的、甚至与实用毫无关系的雕饰。欧洲的洛可可建筑和清代对紫禁城一些局部的改造，就都属于此类——虽然雍容华贵，却有些矫揉造作。

朱红大柱

建筑结构的本质是"支撑"和"覆盖"。柱便是竖向支撑的主要构件。人们形象地将屋顶比作慈祥的母亲，用自己的身体呵护着子女；而把立柱比作父亲，支撑着整个家。中国古代建筑属于"梁柱式"结构，以立柱四根，上施梁枋，构成一间。屋顶的重量由立柱与梁枋承受，墙体不起承重作用，所以，形容中国古建筑有一句俗语——"墙倒屋不塌"。

中国古建筑的柱子有石柱和木柱之分，通常为圆形，兼有方形、六角形、八角形、棱柱、雕龙柱（如曲阜孔庙大成殿的柱子）等。

明代紫禁城宫殿的柱子多用川、粤、闽、浙产的楠木。那时经常设有采木官，遇到大的营建工程，还要加派一、二品大员总理采木事宜。长陵棱恩殿内的金柱，共计16根，全部用金丝楠木做成。然而金丝楠木这样珍贵的大料，需要数百年甚至上千年才能生成，砍伐之后不可能短时期再生，加之中国建筑物大量使用木材，致使楠木大料变得非常稀少。清兵入关后，基本上已无楠木大料可寻，于是大量改用东北的松木。当松木大料也吃紧时，工匠们被迫发明了小料拼攒大料的方法。这使得我们今天看到的许多朱红大柱，实际上并不是一根如此粗壮的整实圆木。

拼料工艺的奥秘是，用一根较粗大的木料作为心柱，四周用小块木板包镶，外表随形刨光后加铁箍箍紧，再披麻、抹灰；粗大的柱子要披多次麻，抹多道灰。像太和殿这样的大型建筑，柱子要做二麻六灰。最后一道灰干后用砂纸磨平，打扫干净，用铁片或皮子刮一道腻子，干后再用细砂纸打磨，之后上第一道垫光油，干后，用细砂纸打磨一遍，磨掉表面的浮粒、流坠和纵纹，打扫干净后，再刷二道油。二道油干后，再打磨一遍，

清扫干净，上三道油。第三道油又名"出亮"，要求一次刷成，横平竖直，均匀一致。这样，一根大柱就做好了。

其实就是用整料做的圆柱，也要加铁箍、披麻、抹腻子。铁箍可防纵裂，缠麻抹腻子是为了使柱子表面圆滑美观，还有防止木材腐烂的重要作用。

明清两代将红、黄两色奉为"至尊至贵"，紫禁城宫殿的木柱均油成红色。

腐烂的柱子暴露了内部结构

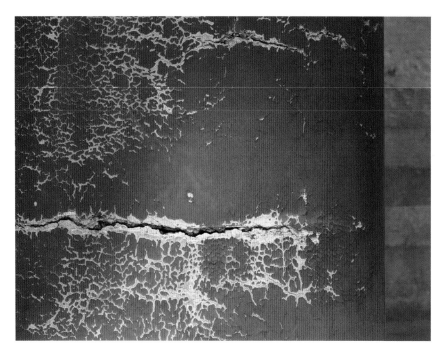

柱子破损的局部，可看出披麻、抹灰的工艺

蟠龙金柱

太和殿室内共有72根大柱，其中66根为朱红大柱，围绕宝座周围的6根是高达三丈多的蟠龙金柱。这六根金柱分成两排，东西各三根，每根金柱上绘制一条蟠龙。它缠绕金柱，昂首张口，腾云驾雾。柱下部为海水江崖纹，汹涌的海浪拍打着礁石，激起层层浪花，烘托出巨龙升腾的磅礴气势。六根龙柱出自《周易》："大明始终，六位时成，时乘六龙以御天。"太和殿的宝座，可谓紫禁城中最重要、级别最高的部位。除了这六根蟠龙金柱，宝座上方屋顶部的藻井内也有一条巨龙衔珠俯首下视。东三根金柱的龙首向西上望，西三根金柱的龙首向东上望，并均与藻井上的蟠龙相呼应，加之宝座上雕刻着龙纹，在宝座周围便形成了群龙竞舞的壮丽场面，烘托着皇帝这一国之主的威风霸气。皇帝坐在太和殿的宝座里，如六龙驾御的车一样，天命神授，统御天下。

太和殿的金柱都是木柱，灰麻缠包后再用沥粉贴金的方法制作而成装饰图案。沥粉的做法是将石粉加水胶调成膏状灌入皮囊内，皮囊的一端装一个金属导管，用手挤压皮囊，从导管排出的膏状物便黏附在木柱上，形成了凹凸不平的线条，并组成各种图案。这与今天制作生日蛋糕上面图字的方法基本一样。然后再涂上一层特制的油脂，便可进行贴金工艺了。贴金也是我国的一种传统工艺，它的制作方法是将由黄金加工成的薄薄金片（金箔），一张一张地贴上去，再揉擦均匀。金箔打得越薄越好，世间传有一种说法，一两（十六两一斤制）黄金做成的金箔有一亩三分地大。贴金的时候，如果一片金箔滑落，它会在空中飘舞，工匠们有时还会伸出舌头将空中的金箔舔入口中，因为它有很好的润喉作用。用这种沥粉贴金法处理古建构件的表面，既可最大限度地节省黄金，又可获得金碧辉煌的视觉效果。

柱 础

在朱红木柱的底部，都有一个突出地面三五寸的石礅，这就是不大起眼的柱础。它的价值远不仅是美观，还有更加实在的功能。

中国木结构建筑多以木质的柱子支撑着硕大沉重的屋顶，柱础的功能之一便是将柱子的集中荷载分布于地面较大的面积上。

柱根部如果经常遭受地面雨水的浸泡定会腐烂，有了这矮矮的柱础，柱根便可免受湿潮之苦而经年不腐，这是其功能之二。

仔细察看，柱础与柱子的接触面往往没有丝毫间隙，以至让人无法知道柱子与柱础是如何连接的。实际上，柱子是平摆浮放于柱础之上的，只是柱础的中心凿有一个方形的卯眼，称为海眼；柱子的底部，也凿出一块榫头，安装时将柱子上的榫头和柱础内的海眼对准，把柱子落在柱础上便可。这种榫卯结合方式的好处是，当发生地震

鼓镜式柱础

江南地区雨水连绵，地面潮湿，为了防止木柱下端朽烂，柱础大都较高。这较高的柱础还是工匠们展示才华的地方，他们用各种雕饰方法在高出地面的部分雕刻出花样繁多的形状和饰纹。诸如鼓形、覆盆形、抹角形、瓜形、瓶形、斗形等；纹样有铺地莲花、宝相花、海石榴花、福地花、柏鹿图、荷花、石榴花、三狮抢球、丹凤朝阳、回纹、卍字纹等。

紫禁城御花园井亭的柱础有一尺多高，并浮雕莲瓣。想来井旁多水，地面潮湿，为了防止木柱受潮腐烂，柱础自然该高一些。至于紫禁城大殿的柱础为什么没有雕花，只使用简单的鼓镜式柱础，其实并不是怕麻烦，而是体现了明代艺术较高的审美品位——简洁、洗练、自然、大气、庄严。

时，柱子不会移位，但可在柱础上随力摆动，以此消减应力，提高建筑的抗震能力。这是柱础的又一个功能，也是中国古建筑令人叫绝的一个抗震措施。这是力学的结晶，也闪耀着"因势利导""以柔克刚"的东方哲学的光芒。

新石器时代的房屋建筑柱子插入地下，柱洞内添石块作为基础，此为柱础的雏形。中国建筑历经几千年的演变，柱础的形制从简单的覆盆式、反斗式、鼓镜式、扁鼓式、覆莲式、须弥座式，发展为多层式、狮子驮柱、力士负柱等复杂形式。

中国地域辽阔，气候差异很大，柱础的形式繁多。北方建筑的柱础形式较为简单，一般都用鼓镜式，这是因为北方雨水少，地不潮湿，柱础可以较为低平。明代紫禁城建筑大部分用鼓镜式柱础，体现了"朴素坚壮不饰奇巧"的明代简约的审美趣味。

覆莲式柱础

上云头板和下云尾板

华 表

承露盘上的望天犼

在天安门前两侧，耸立着两座华表。华表几乎是仅次于天安门的一个标志性符号，其形象在神州大地广为流传。华表为明永乐年间所立，它的顶端有一块圆形石板，叫作"承露盘"。承露盘起源于汉代，传说人喝了天上的甘露会长生不老，汉武帝非常迷信，于是在神明台上立一个铜制的仙人，他双手合掌举过头顶，承接天上的甘露，以求长寿。后来承露盘上的雕像被一种称为"犼"的形象所代替。"犼"形状像犬，因其昂首向天，又称为"望天犼"。

华表柱身用石头雕刻而成，一条巨龙盘绕其上，龙首向上，身外满布云纹，仿佛蟠龙遨游于太空祥云之中，有叱咤风云之气势。柱身上方横置一块飘云造型的云板，增添了华表的美感。华表的底端是方形须弥座，外加一圈汉白玉方形围栏。栏杆有意做得较低，与高耸的华表形成较强烈的对比，以反衬出华表的高大。栏杆的望柱上的蹲兽低着头，与华表上部"望天犼"的昂首挺胸同样形成对比的呼应关系。

蟠龙柱

石栏板、望柱围护着须弥座

华表一般立于宫殿、陵墓、城垣、桥头等处，是由古代的"诽谤木"演变而来的。古代中国，统治者为了显示其开明，倾听百姓的意见，常在交通要道设立"诽谤木"，让人们书其善否于木上，以表示纳谏。由于此木立于道口，发展到后来，其路标的作用反倒超过了"纳谏"的意义。至于将它移到建筑群中，则纯属装饰性、标志性的建筑。木制的华表立在露天，经不住风吹雨淋，于是逐渐被石料所代替。石头制成的华表基本保留了木制华表的形状，但形象、纹饰也在不断地演变，最终成为现在我们所见到的这个式样。

华表一般都是成双成对设立，天安门的前后各设置一对华表。有趣的是天安门前面的一对华表顶上的望天犼面朝紫禁城外；天安门后面的一对华表上的望天犼却面向紫禁城内。原来这两个高高在上的小兽，还是皇上自律的提示。传说朝内（北）的望天犼是提醒皇帝不要贪恋宫中舒适的生活，要经常走出深宫体察民情，了解百姓的疾苦，所以又称之为"望君出"。而面向外（南）的是提醒皇帝不要贪恋宫外游玩，要及时回到宫里批奏折，处理国家大事，所以又称之为"望君归"。

石狮子

不管是宫殿、陵墓、寺庙，还是祠堂、住宅，中国古代建筑的门前为什么大都陈设着一对石狮子呢？因为中国自古认为狮子乃"兽中之王"，将狮子安置在建筑物门前，有保家护屋的作用。

狮子的原产地不是中国，而是从西域进贡来的。西汉汉武帝派张骞出使西域之后，狮子作为"殊方之物"传入中国。之后汉章帝和汉顺帝时，安息国和疏勒国也曾派遣使者献狮子。狮子传入中国后，当时能够见到它的人很少，只知道它是一个庞然大物，威武无比。于是民间对它的描述多种多样，充满了臆想色彩，狻鹿、狻猊、狮子的分别在汉代是很不清晰的。这种神秘感，反倒促使了中国人对狮子的重视，并最终将之变成了一个保护神的形象并遍及中国大地。

大门前陈设狮子的常规做法是左为雄狮，足蹬一绣球；右为此雌狮，脚按一幼狮。天安门前有两对石狮子，分别排列在金水河的南岸和北岸。这种布置在皇宫中是独一无二的。这两对狮子均雕造于明代，是中国明清狮子造型的典范，是北方风格石狮的代表。

中国历代创造了多种风格的石狮子形象。东汉时期的石狮子古朴雄健，有的还在狮子的肩上添加了一双飞翔的翅膀，以进一步将其神化。南朝和唐代的石狮体量博大，四肢强壮，突出了宏大雄浑的气势，令人望而生畏。宋代狮子的体量明显减小，气势和威力也远不及唐狮，狮子的项间开始出现铃铛。明清时期的狮子装饰性大大地增强了，活力和朴实感随之减弱了，形象变成宽额，翘鼻，嘴张，毛鬈曲，项间有漂亮的璎珞彩带。中国历代石狮的造型风格和那个时代的国民气质及整体艺术风格是完全相对应的。汉代的石狮古朴、简约、生动，充溢着自然美；清代石狮则变得华丽、烦琐、庄重，突出的是人工雕琢之美。相比之下，今天的美学家们反倒认为，汉代石狮的艺术境界要高于明清。

天安门前的石狮子

城 门

门的作用和位置注定了其在整体建筑中具有显赫的地位。中国古建筑中的门可分为两类。一是作为房屋出入口的门；二是作为组群建筑和庭院出入口的门。

"庭院深深深几许"，封闭式的组群建筑是中国古代建筑的一个重要特色。规模大一点的私人住宅，也要分成几个院子，并相互用门来间隔、沟通。可见在中国古建筑中，门不但重要，而且多。门的具体种类有城门、宫门、殿门、庙门、院门、宅门等。古代王宫被誉为"三朝五门，九重天子"。也就是说进入王宫要有五道门，即皋、库、雉、应、路五门，并各有其含义。

皋门是皇帝向天下宣告大事的地方，也是离内宫较远的门。明代的承天门，也就是现在的天安门，就相当于古代"五门"之制中的"皋门"。它是皇城的大门，也是明王朝颁布"诏书""播告万民谋大事"的地方。

库门是皇宫的第二道门。天安门内的端门，相当于"库门"的位置。

雉门，即门的两旁建两阙，整座门俯视呈门形，双阙之间的空当形成通道。午门是紫禁城的大门，相当于古代的"雉门"。从这里开始，就真正进入了皇宫。

应门的意思是王者出入此门以应天下的事物。太和门是明代皇帝御门听政的地方，相当于古代的"应门"，是外朝正门。

路门是路寝的门。路是大的意思，寝是天子安息的地方，也就是天子大寝的门。乾清门是紫禁城后宫内廷的正门，相当于"路门"。

在五门之外，还有城门、近郊门、远郊门、关门，统称九门，因此皇帝又称为"九重天子"。

午门向南望去的端门与天安门的宫门

　　紫禁城是按照古代的礼制建造的，概括紫禁城的布局是"面朝后市，左祖右社，五门三朝，九重天子"。以天安门、端门、午门、太和门、乾清门附会古代的"五门"之制，而以太和殿、中和殿、保和殿附会"三朝"。关于五门制度，有些学者认为紫禁城是以大清门、天安门、端门、午门、太和门象征"五门"，如今天安门南面的大清门已不复存在了。

午 门

　　午门的前面虽然还有端门和天安门，但午门才是紫禁城的正门。因其位于紫禁城的子午线上，故称"午门"。按青龙（东）、白虎（西）、朱雀（南）、玄武（北）四象说，午门居南，取朱雀的形象，与北门玄武门（后改称神武门）相对应。午门采用了"阙门"形式，即在横向的城楼两侧向前伸出两翼，形成门形的俯视形状，它是中国最古老的一种门的形式的演变。从周代开始就已有了阙门，当时的阙门是楼观，单独立于道路的

两边，"中央阙然为道"。有人认为阙门的形式是从部落时代聚居地入口两侧所设的防守性的岗楼演变而成，主要起防御作用，也兼有标志性的作用。后来，基本上演变成了显示门第、崇尚礼仪的装饰性建筑。

　　午门上部中央部分的城楼采用了规格最高的重檐庑殿顶，两翼上各有两座重檐攒尖屋顶的四方形角亭，之间用廊庑相连。从远处看来，这五座楼亭像是五只巨大的凤凰鹤立于城墙之上，于是午门又称为"五凤楼"。因为午门的两翼像舒展的雁翅，所以又称为"雁翅楼"。从午门的后面看是五个门洞，从正面看却是三个，另两个开在两掖，一个向东，一个向西，这叫"明三暗五"，实际上还是五个门，与"九五之尊"相合。

午门还是封建王朝的午朝门，兼有朝堂的作用。每年冬至，皇帝在午门向全国颁发新历书，叫作"授时"。午门在明清两代一直还是向统治者举行"献俘"仪式的地方。每逢打了胜仗，都要把"俘虏"押送到北京，从前门经过千步廊、天安门、端门押至午门，举行"献俘"仪式。皇帝在午门城楼设"御座"，亲临审视，并亲自发落俘虏。民间有"推出午门斩首"的说法，认为午门是明清两代斩首之处，其实不然。明清两代的行刑斩首的地点都在北京城南的菜市口，午门在明代只是宫廷实施"廷杖"的地方。廷杖，是明朝的一种刑罚，就是皇帝叫人用棍杖责打臣下。凡是违背皇帝的意图，犯了错误的大臣，就要受廷杖之罚。最著名的一次是明嘉靖时期的"群臣哭谏左顺门"事件：嘉靖皇帝不是正统的皇子即位，他当上皇帝后，要把他的生身父母追封为皇帝、皇后，遭到大臣们的反对。大臣们上书劝谏，

嘉靖皇帝不听，于是群臣在左顺门（今协和门）大哭，想以此让皇帝收回成命。不想，嘉靖皇帝大怒，下令将五品以下的大臣拉到午门施以廷杖，结果130多人被打，17人致死。

神武门

门 钉

朱红大门上纵横排列着金光闪闪的门钉，这是紫禁城建筑又一个代表性的特征。门钉大都采用铜质镏金工艺，金光灿灿，庄严富贵。

中国古代建筑的门都是用木板制成的。宫殿的门很宽，不能用一块整木板制成，而要用数块木板纵向拼合而成。门板后面要用数条横向木条连接，门板与木条之间用铁钉固定。为了美观，因势利导，故意加大钉帽的体量，使之变成一种装饰物，这便是"门钉"诞生的过程。

紫禁城宫殿每扇大门上使用的门钉数为九行九列，共81颗。九为阳数之极，《易·乾》中有"九五，飞龙在天，利见大人"

之言。于是后人多用九来附会帝王的至尊地位，甚至以"九五之尊"作为帝王之位的代称。

清代官式建筑的门钉数量有着严格的规定。清代工部《工程做法则例》规定，门钉有九路（九行九列）、七路（七行七列）、五路（五行五列）等几种，均为阳数。只有宫殿建筑能够使用九路门钉；亲王府七路；世子府五路。至于第宅，公府门钉皆七，侯以下至男，递减至五，并均为铁制，违者治罪。除门钉的数量，大门的颜色和门环的材料也有严格的等级规定。据史料记载，亲王府正门为丹漆金涂铜环，公王府门为绿油铜环，一、二品官门为绿油锡环，三至五品官门为黑油锡环，六至九品官门为黑油铁环。

东华门

东华门的门钉

故宫的门钉皆为九路，但东华门却是八路，每扇门有八九七十二颗。为什么东华门要用八路呢？

关于东华门门钉的数量，较早的传说是：李自成打进明宫时，崇祯皇帝是从东华门出宫到紫禁城后面的煤山自缢的。生为人，死为鬼，故东华门就被称为"鬼门"。生为阳，死为阴；奇数为阳，偶数为阴。因此，死人走的"鬼门"就应是偶数门钉。清代一朝，也确实有几位皇帝死后是从东华门出宫的。顺治、嘉庆皇帝死后，殡仪灵柩都是出东华门至景山；道光皇帝的灵柩移往圆明园正大光明殿时，也是出的东华门。

还有人认为，东华门的门钉采用偶数，与清入关之前的建筑规制有关。沈阳故宫大清门门钉为八路 32 颗，埋葬皇太极的沈阳昭陵的正红门的门钉为六路 36 颗，隆恩门八路 48 颗，皆为偶数。清王朝入主中原，仍不忘龙兴之地，所以便纪念性地按照旧制将东华门的门钉也变成了偶数。也有人认为与等级制度有关，因为午门的两掖门也是 72 颗。更有人认为与五行相生相克有关，化东方之木为阴木，以保护代表皇帝的中央土。究竟哪种说法更为可信尚无定论。

东华门每一行只有八颗门钉

69

东华门铺首

铺 首

中国的门大都向里开,如果主人离家,就要从外面把门拉上、锁上;若有朋客来访,便要叩门。门上面肩负拉手、锁扣和门铃三大职责的,便是铺首。后来很多大型建筑的门实际上已经不能在门外关门、上锁、叩门了,但仍然保留着铺首,此时它已经变成了纯粹的装饰物。

不管有没有实用意义,铺首都是门外面最重要的一个构件,而且形式多种多样。紫禁城的大门上大多是兽面铺首,有铜质的,也有铜质镏金的。兽面的形象类似雄狮,鬃发中有一对犄角,目瞪口张,凶猛而威武。兽面口衔门环,环下有月牙形衬托,环与托上都有行龙花纹。因为失去了实用意义,有的门环就由活动的金属环变成了固定的金属环，甚至变成了环形的浮雕图案。

铺首为什么要做成兽面模样呢？民间传说古代水中有一种叫水蠡（lí）的动物，奇丑无比，不愿见人。鲁班想见水蠡，便在河边让它把头露出来。水蠡害怕鲁班将它的形象画下来，不愿出来。鲁班答应将手放在后面，水蠡才同意浮出水面，它刚把头抬起来，鲁班就用脚在地上把它的模样画了下来。水蠡发现，赶快紧闭门户，再也不肯打开露面了。所谓水蠡，实际上就是田螺、河蚌类水生物，遇到不利的情况，它的防卫方法就是把自己的身体缩封在壳中。人们将它的头像移植到门上，就是取其封闭、守卫之意，以图平安吉祥。

铺首的另一种解释是，它是龙的九子之一，叫"椒图，形似螺蚌，性好闭，故立于铺首"，让它把好门户，负责关门闭院。

紫禁城的铺首均为装饰构件，级别高的大门配以金色铺首，级别低的为黑色铺首。

鎏金铺首

金水河

紫禁城有两条金水河，位于天安门前的称为外金水河，位于紫禁城内太和门前的称为内金水河。中国人传统的环境观念中，"背山面水，负阴抱阳"是一种理想的建筑风水模式，即使自然地理环境满足不了这种要求，也要人为地创造出这种模式。为了营造理想的风水环境，兴建紫禁城时，用挖掘护城河的土在宫城的北面堆筑了一座景山，又在紫禁城南部挖了这两条人工河，以造成紫禁城背山面水的吉利环境。很多人认为金水河之名是"金贵"的意思，其实不然。金水河的水是从北京西部的玉泉山引入的，因西方在阴阳五行中属金，"金生丽水"，所以命名"金水河"。在皇帝的宫殿区设置金水河，表示"天河银汉"，这种传统从周代就已出现了。

金水河的水从西北方来，在紫禁城西北角楼偏东处流入宫内，由紫禁城的东南方向流出，注入外护城河。内金水河总长2100米。

内金水河是宫内建筑用水和消防用水的主要来源，还是整个紫禁城排水系统的主要沟渠。紫禁城内大小院落各有自己的排水沟道，利用北高南低的地势就近排入地下暗沟，然后汇入内金水河排出宫。

内金水河在太和门前呈一张弯弓的形状蜿蜒东流。北面的太和门置于曲河的环抱之中，烘托出一派庄严雄伟的气氛。河上架有五座拱桥，称为金水桥。中间的主桥是皇帝赴太庙、天坛、地坛等地举行祭祀大典时所走的桥，桥长23.15米，坐落在紫禁城的子午线上。主桥栏杆上的望柱头雕刻有云龙纹，与太和门前栏杆上的纹饰相同。主桥的左右是四座宾桥，供王公大臣们行走，宽度和长度均小于主桥，桥上栏杆望柱头改用级别低一些的火炬形望柱头，每个柱头上阴刻24道弯线，由底部向尖端攒聚，俗称"二十四气"纹。封建王朝严格的等级制度体现在建筑的各个部位，金水桥的宽窄、纹饰同样是等级的标示。

内金水河把太和门广场分成南、北两部分，五座汉白玉石桥又把分开的两部分连在一起，并给方形的广场巧妙地饰以了

太和门前的内金水河

优美的曲线。红门、白桥呼应，黄瓦、丹
楹交响，灰地、白栏帮衬，在蓝天白云的
衬托下，可谓一幅华丽高雅的画卷。紫禁
城这座规整、封闭的深宫，若没有这条飘
逸潋滟的金水河，真不知会失去多少活气
和神采。

金水桥

斗 拱

从外面看，紫禁城建筑由屋檐下到横梁之间，是由碎木拼构成的斜面连接的，这个斜面建筑构件就是斗拱，它是中国古代木结构建筑上一种特有的构件，是中国建筑中具有代表意义的重要特征。

斗拱之所以称为斗拱，是因为拼构斗拱的碎木中方形的垫块形状很像古代量器中的斗，而碎木中弓形的、两端抹角的横

木称拱木，斗拱之名由此而得。

为什么要在建筑中使用斗拱呢？它有什么作用呢？中国古代建筑的屋顶非常硕大厚重，承载这个大屋顶的不是墙，而是一根根粗大的立柱。和西方古建筑不同的是，中国的殿堂如果把所有的墙体都拆除，其木质骨架和大屋顶照样会结结实实地屹立在那里。这个木架结构，首先要用一根根横梁将一根根立

最高级别的太和殿斗拱

柱连接起来，然后再将大屋顶搭建在横梁之上。那么如何使沉重的屋顶最终落在横梁上再被一根根立柱支撑住呢？古代匠师们就发明了这种斗拱。斗拱是运用杠杆与天平的平衡原理设计成的，斗拱的坐斗就像天平的底座，横拱就像天平中的杠杆，两端的三才升就像天平上的托盘。斗拱使屋顶和梁枋的重量通过层层的平衡杠杆传到立柱和柱础上，它加强了梁枋与立柱的搭接点，扩大了支座的承压面，承托由大梁与檐椽传来的屋顶重量，再传纳给下部的立柱上，最终传到地面上。打个比方，如果大屋顶是由一根根手臂支撑的，立柱好比是胳膊，斗拱好比是手掌。

三层斗拱

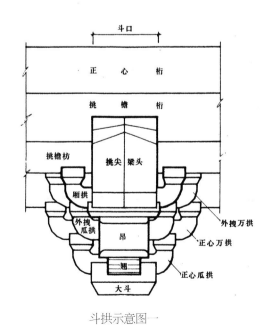

斗拱示意图一

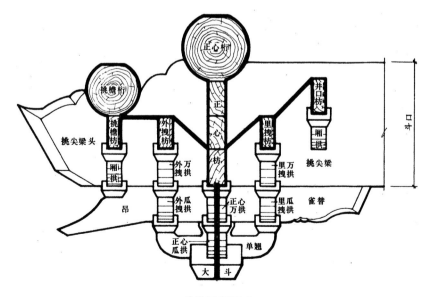

斗拱示意图二

修缮中的斗拱

斗拱的另一个重要作用是悬挑出檐。中国古建筑的出檐很大，这也是靠斗拱的层层悬挑实现的。

斗拱还可以缩小构件的负荷跨度，使建筑物的面宽和进深加大，以增大建筑物的体量，同时还可节约栋梁大材，可谓"小料大用"。斗拱的碎件之间是活动结合的，作为过渡传力构件，它还有增加结构的抗弯、抗剪、抗压和抗震等功能。

我国古代很早就开始使用斗拱了，《论语》"山节藻棁"中的山节即是斗拱之原型。早在汉朝，成组的斗拱就大量用于重要建筑中了；经过两晋、南北朝到唐朝，斗拱的式样逐渐趋于统一。宋代对斗拱的尺寸加以标准化，并且逐渐将它的尺寸

当作一种度量单位，作为房屋其他构件大小的基本尺度。《营造法式》正式规定将拱的断面尺寸定为一"材"，这个"材"就成为一幢房屋宽度、深度、立柱的高低、梁枋的粗细等几乎一切房屋构件大小的基本单位。也就是可以根据斗拱的大小计算出所用柱、梁、枋等构件的尺寸，算出房屋的高度、出檐深浅等。这种制度一直沿用到清代，只不过清代以梁枋上斗拱最下层坐斗上安放拱木的卯口宽度为基本尺寸，称为"斗口"。这种"材"或"斗口"就相当于近代建筑设计中应用的基本"模数"制。

随着建筑技术水平的不断提高，斗拱的作用也发生了相应的变化。明清以后，建筑结构发生了变化，建筑物的梁伸出来，

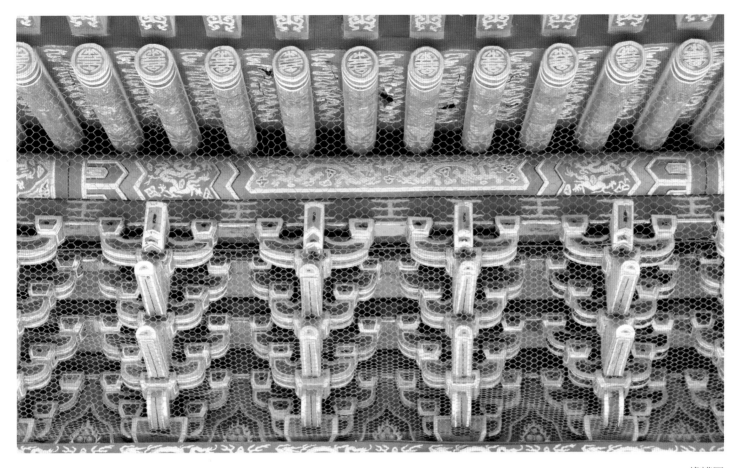

檐幪网

承受部分屋顶的重量，此时的斗拱的承托作用减弱了，装饰的作用加强了。

古代规定，只有高级的建筑才能安装斗拱，而且级别越高斗拱的层数越多。最终，斗拱层数的多少，已经成为建筑等级的重要标准之一。周代礼制中规定天子的庙堂要用"山节"——斗拱，其他人等则不得使用这些装饰。唐宋有所放宽，规定王公以下屋舍、民庶之家均"不得施重拱"。明清时期，斗拱的结构作用降低，象征的意味则大大地加强了，规定只有大式建筑中可以使用斗拱，小式建筑不许使用。这时的斗拱已经成为纯粹的装饰性构件和等级的象征了。斗拱的形式也有着逐渐复杂化、多样化的发展过程，并有着数量增多、斗拱较小、排列丛密的发展趋势。

太和殿为紫禁城内等级最高的建筑，面阔11间，进深5间，重檐庑殿顶，两柱之间的斗拱达八攒之多，下檐斗拱挑出四层，上檐斗拱挑出五层，是斗拱挑出层次最多的孤例。上下檐的斗拱都是镏金斗拱，是斗拱等级最高的实例。一般殿堂的斗拱挑出层次较少，东西六宫等只挑出三层。

由于这一部分特别适合飞鸟建窝，所以很多建筑的檐下斗拱用很密的铁网封了起来。

雀 替

　　建筑有了雀替，首先会让人觉得好看，它使立柱和横梁的交点变得委婉优美，加强了整个建筑的华丽感。雀替还有更重要的作用，就是缩短横梁净跨的长度，使横梁受的力更好地集中到立柱上。有了这小小的雀替，还可以使梁和柱的接触点变大，减小了横梁与立柱相接处的剪力。雀替的另一个结构作用是固定死立柱与横梁相交的直角，从而加强了梁与柱结合的稳定性，也就加强了建筑整体的稳定性。

　　古代建筑的雀替大约可以分成：1. 大雀替，是藏传佛教建筑中特有的一种雀替；2. 龙门雀替，是专用

彩绘卷草雀替

在牌坊上的；3. 小雀替；4. 通雀替，是一种用在屋内的雀替；5.骑马雀替，当两柱之间的距离太近时，所使用的雀替两个连成一体，从而形成骑马形的雀替；6. 我们在通常的古建筑中看到的普通的雀替。

　　我们在紫禁城建筑上看到的雀替多为普通的雀替，这是一种清代的官式雀替，它在宋代已经出现，但那时多用在屋内，用在建筑物外面的则寥寥无几，并且形状简单，线条直板。后来逐渐出现卷头的曲线形，而且在元代以前，雀替上只绘彩画，无雕刻。到明清时期，这种雀替多被安置在建筑物的外面，里面用的却少了，而且从建筑物外观上看，几乎无柱不用雀替，并在上面雕刻各种华丽的纹饰。紫禁城建筑上的雀替一般都雕刻成云龙纹和卷草纹等。

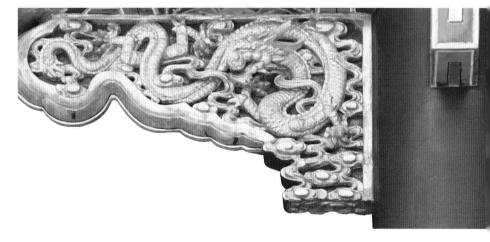

浑金云龙雀替

彩 画

　　中国古建筑外观的色彩要比外国古建筑丰富许多，所以人们常用"雕梁画栋，金碧辉煌"来形容中国古典建筑。在雄伟壮观的建筑物上绘制色彩艳丽的图案，这又是中国古代建筑的特征之一。彩画，同样具有实用和装饰的双重意义。为了延长木架结构建筑的寿命，防止木材腐烂虫蛀，于是便在梁架上涂以植物或矿物颜料加以保护。后来为了美观，就在这些涂上了颜料的地方绘制各种美丽的图案，这样就发明了彩画。明清时代，"雕梁画栋"已经蔚然成风，彩画艺术便发展成一种中国建筑最具特色的装饰手段，成为宫殿建筑不可缺少的一种装饰形式。

太和殿彩画

中国的建筑彩画，具有强烈的民族特色和相当高的艺术性。其色彩配置丰富而不杂乱，构图有序，制作巧妙。彩画设色上交替使用青、绿、黄、朱等冷暖色调，以黑、白、金色为分界线，创造出了既有鲜明对比又基调统一的彩色图案，充分体现了中国古典建筑在色彩运用上的艺术成就。明清宫殿彩画的颜料多直接采自矿物、植物。以青绿冷色调为主的彩画，施于梁架之上，夹在黄色琉璃瓦和朱红色墙柱之间，三者交相辉映，色彩鲜明，对比强烈。黄色的屋顶，青绿的梁架，红色的墙柱，构成了紫禁城宫殿特有的色彩节奏。

建筑彩画虽然有很强的装饰作用，并有较高的艺术性，但它终归是匠派画。它的传承没有教科书，但有口诀，并以口传心授的古老方式传习。

明清时期的彩画有严格的等级制度。不但"庶民居舍，不许施彩画"，就连紫禁城内各宫殿的彩画也有严格的区分。根据建筑的不同分别施以和玺彩画、旋子彩画、苏式彩画等。

金龙和玺彩画

和玺彩画由方心、找头、箍头三段组成。箍头在最外侧，用两道竖线相隔，中间画面为圆形盒子。找头靠近箍头，用锯齿形的两道括线相隔，中间置画面。方心居于中心，画面最大，位置突出。它的主要特点是由各种姿态不同的龙或凤的图案组成整个画面，间补以花卉图案，且大面积沥粉贴金，有着金碧辉煌的效果。

和玺彩画是彩画中等级最高的一种，紫禁城内的主要宫殿都使用和玺彩画。根据建筑的规模、等级与使用功能的需要，和玺彩画又分为金龙和玺、龙凤和玺、龙草和玺等几种。

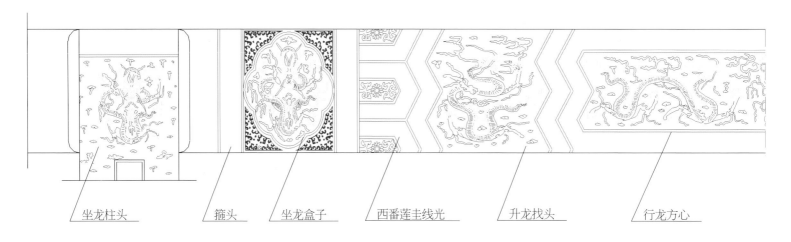

坐龙柱头　　　箍头　　　坐龙盒子　　　西番莲圭线光　　　升龙找头　　　行龙方心

和玺彩画（杨红绘）

太和殿彩画

金龙和玺彩画的方心部位，一律采用沥粉贴金工艺绘制两条行走中的龙。龙头左右相对，中央为一宝珠，组成二龙戏珠图案。龙的四周适当作沥粉贴金火焰及五彩云朵图案。

彩画的方心部分

彩画的找头部分（升龙找头与降龙找头）

双龙找头

　　找头部分，分两步规划，清代晚期的惯例是找头内涂青地色的，上面绘沥粉贴金龙，龙头在上端，这是"升龙"，以示金龙在天空升起。找头内涂绿地色的，上面也绘沥粉贴金龙，但龙头在下端，这是"降龙"，以示金龙落地之意。如找头部分过长时，还可以增画一条龙，形成一升一降。找头圭线光外，画灵芝花、西番莲、卷草等图案加以渲染。图中所示的是太和殿和玺彩画，属于清早期彩画，用色较为灵活。

盒子部位多以八瓣弧线（宝相花状）作为盒子的外轮廓线。盒子内涂青底色的，上面画沥粉贴金的坐龙，龙头在上，龙身盘曲，龙爪舒展在四方，呈入坐状，周围绕以三绿岔角、墨切水牙图案。盒子内涂绿底色的，上面仍画沥粉贴金龙，周围绕以三青岔角、墨切卷草图案。因为这种彩画统以金龙图案为题材，所以称为金龙和玺彩画。

彩画的盒子部分

太和殿侧面的彩画

　　金龙和玺彩画是和玺彩画乃至所有彩画中等级最高的，不但一般的建筑不许使用，就是皇家建筑中，也只有最高等级的殿堂才可使用。紫禁城内的三大殿使用金龙和玺彩画，以表示"真龙天子"至高无上的地位。

龙凤和玺彩画

龙凤和玺彩画的主要特点是龙凤相间组合。在彩画布局上，无论是方心、找头、盒子等画面，一律是沥粉贴金的龙和凤。一般的做法是青底画龙、绿底画凤，形成天龙地凤的规则。找头、盒子心或画龙画凤，形成一龙一凤，隔一调一，隔间对调。龙凤和玺彩画因其画面为一龙一凤，又名龙凤呈祥。

龙凤和玺彩画

这种彩画在和玺彩画中等级次于金龙和玺。它常用于皇帝和皇后皇妃等居住的寝殿建筑上，以表示龙凤呈祥，婚姻美满。紫禁城内的坤宁宫、坤宁门及宁寿宫外檐就采用了龙凤和玺彩画。

左龙右凤龙凤和玺

龙草和玺彩画

龙草和玺彩画是和玺彩画中图案较为简单的一种。一般的做法是，无论是方心、找头部位，凡青底色处一律画片金龙。绿底色的地方，一律为朱红色调，画青绿法轮吉祥草图案。因此称为龙草和玺彩画。对盒子心的处理，以箍头色彩定调。凡绿箍头、绿盒子，一律绘片金坐龙。青箍头则改为红盒子，作法轮吉祥草图案。从纵向与横向排列看，色调与图案都是交错的。

龙草和玺彩画在和玺彩画中是属于等级较低的一种，它多用于主要宫殿两边的较次要的建筑中。紫禁城太和门两侧的崇楼和阁就是用了这种形式的彩画。

建筑侧面的龙草和玺彩画

建筑正面的龙草和玺彩画

旋子彩画

旋子彩画比和玺彩画低一等级，画面也分为三部分。中间为方心，两头为找头。旋子彩画找头内旋花图案的中心叫"花心"（旋眼）。花心的外圈环以两层或三层重叠的花瓣，最外圈是一圈涡状的花纹，称作旋瓣，因此把这种彩画称为旋子彩画。旋子彩画方心的画法有多种：画锦纹和花卉的，称花锦方心；大小额枋一画龙，一画锦纹的，称龙锦方心；只画墨道的，称一字方心；涂青绿退晕，不施花纹的，称空方心。

旋子彩画多用于较次要的宫殿、配殿及门庑等。三大殿左右的门和庑房使用的就是旋子彩画。一般宫殿的庑房，用一字方心墨线大点金旋子彩画；协和门外檐用的是龙锦方心金线大点金旋子彩画。

皇极殿西庑和隆宗门等建筑的梁架上画的一字方心墨线大点金旋子彩画虽然等级较低，但有一个非常吉祥的名称——"一统天下"或"大清一统"。意思是祝愿清王朝一统天下、长久永固。

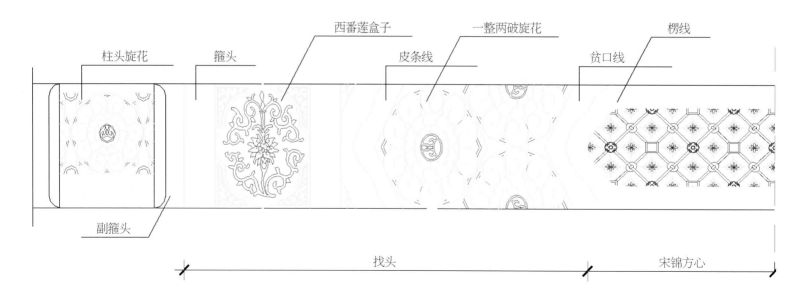

旋子彩画（杨红绘）

花锦方心

龙锦方心

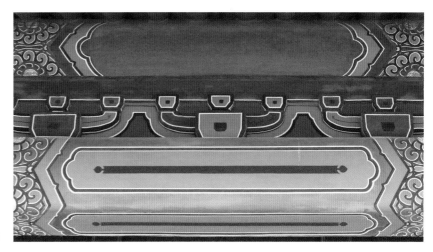

空方心与一字方心

苏式彩画

故宫建筑中还大量使用了一种画有山水人物故事、草虫花鸟以及吉祥图案的彩画，这种彩画称为苏式彩画；它起源于南宋时期江南苏杭地区的民间传统做法，并因此而得名。

当时南宋建都临安，苏州匠人因为在南宋宫殿室内外装修工程上大显身手而名声大振。其中有一些南派工艺，很快传到了北方，并为北方宫廷所用。苏式彩画的构图较为活泼，方心一般分为两种形式。一种是与和玺、旋子彩画同样采用狭长形方心；一种是在较大的梁枋上或者将檐檩、檐垫板、檐枋三部分的方心连成一片，作一个大的半圆形，称"搭袱子"（通称"包袱"）。包袱的边缘轮廓用连续折叠的线条将色彩由浅及深地逐层退晕。找头部分常绘扇面斗方、桃形、葫芦形等各种集锦式的图案。包袱内所绘的题材相当广泛，有山水阁楼、人

物故事、草虫花鸟及吉祥图案。苏式彩画的主要特点是形式活泼，着重写实，题材广泛，情节性较强，民俗趣味浓厚，具有很强的民间性和亲切感。在艺术手法上，它还带有鲜明的江南文化气质——雅致纤秀，委婉柔和。苏式彩画多用于园林建筑中。花园中的亭台楼阁以及曲折蜿蜒的游廊上施以题材多变的苏式彩画，无疑与周围的山石花木这种轻松的氛围更为和谐。颐和园等皇家园林建筑也用了很多苏式彩画，它是中国园林艺术风格的重要组成部分。清代晚期，由于慈禧太后的喜爱，紫禁城东西六宫也部分改用苏式彩画。宁寿宫是乾隆皇帝为他做太上皇时居住而建的宫殿，建筑规格很高，建筑上原本绘龙凤和玺彩画。光绪年间，为庆贺慈禧 60 寿辰，拨款 60 万两白银重修宁寿宫等处。这次大修时，为投慈禧所好，将原来的龙凤和玺改成"延年益寿""海屋添寿"等故事性较强的苏式彩画，并保留至今。

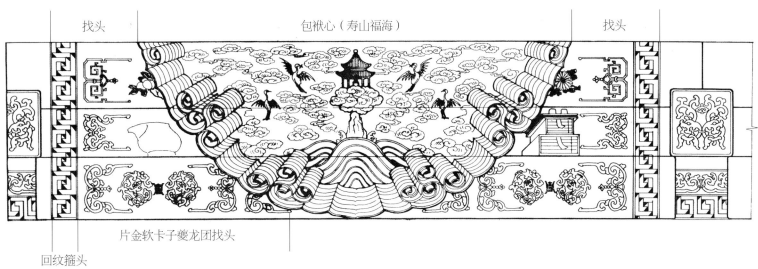

找头　　　　　　　　包袱心（寿山福海）　　　　　　　找头

片金软卡子夔龙团找头

回纹箍头

苏式彩画示意图

苏式彩画小样

苏式彩画小样

天 花

　　天花俗称顶棚，它用来封挡屋顶的望板和椽檩，既保持室内清洁，又可以调节温度，还美化了室内环境。

　　紫禁城的天花大体分两种：硬天花、软天花。

乾清宫的天花

硬天花

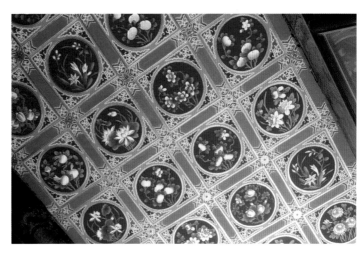

软天花

硬天花用木条纵横相交，分割成若干个小方格，格子上覆盖木板（亦称天花板），并在每块木板上绘制花纹。天花板的中心部位画圆圈，以青色或绿色作为底色，内画龙、凤、仙鹤、花卉等各种图案。圆圈四周岔角的颜色与圆圈反衬，如圆圈用青色，岔角则用绿色。岔角常用流云或卷草等图案，支条十字交叉部位，中心画莲瓣形轱辘，四周边框画燕尾。

紫禁城的天花按照建筑的等级不同，绘出不同图案。龙凤图案的天花等级最高。太和殿天花为沥粉贴金的坐龙图案，与殿内蟠龙金柱、雕龙金漆宝座以及梁枋上的金龙和玺彩画遥相

呼应，显示着皇帝的尊贵和威严。后妃居住的宫殿及花园中的亭、堂、楼、榭内的天花，则使用富有生活气息的图案，如双鹤、兰花、牡丹、水仙、玉兰等图案。

软天花是用木格篦子做骨架，再糊满麻布和纸，后在纸上画出井口支条和各种图案。它大多用于后宫较低等级的宫殿，由于顶棚的表面平整、色调淡雅，给人以明亮、舒适的感觉，所以很适于居住区域使用。后妃居住的东西六宫中较多地使用了这种天花。我国民间住宅纸糊的顶棚，基本也算是软天花工艺，只是没有皇宫中的软天花精细、讲究。

古华轩的匾与天花

古华轩天花

　　古华轩的天花别具一格，它不施油彩，而是用楠柏木雕刻制成卷草图案。古华轩位于宁寿宫花园（俗称乾隆花园）内，是一座敞轩，即不用门窗墙壁将建筑封闭，而是使其四面开敞，形成内外空间贯通，以便观赏四周的景色。古华轩内外檐装修采用楠木彩绘纹饰。顶部天花以天花支条纵横隔成方井，每井覆以着色的柏木天花板，用素雅的楠木贴雕的卷草花卉图案。由于图案凸起于天花板上，在光影的变化中具有很强的立体感，由于年长日久色彩脱落，它虽没有了彩绘天花的光灿夺目，却是另一种典雅高贵，且气度不凡。这种素雅大方的装修，更符合开敞式建筑的特点，与幽静自然的园林环境高度和谐统一。

古华轩天花

藻 井

　　和许多重要的古建筑一样，太和殿室内屋顶中心也凹进去了一块，这就是中国古建筑中的藻井装饰。

　　在中国的古建筑中，藻井大都没有什么实用功能，只是一种室内装饰。它不仅变平板单调的屋顶为丰富华丽，还有控制空间的效果。太和殿的藻井在屋顶的正中，下面与它对应的，正好是皇帝的宝座。人们在地面上活动，若以地上的参照物来判断地面的中心位置一般比较困难，而且房间越大越困难。由于屋顶与人的眼睛有较大的距离，又没有家具陈设的干扰，安置了藻井，使得判断屋顶的中心要容易很多。在日常生活中，人们若凭视觉感受判定地面的中心点，经常会先抬头去找屋顶的中心点。太和殿藻井的空间指示作用，便是通过屋顶的中心，突出皇帝宝座的中心位置。太和殿是皇帝举行盛大典礼的地方，是紫禁城的中心建筑，俗称金銮殿，它是中国古建筑的"第一殿堂"。作为统治江山社稷的中心人物，皇帝当然要坐在大殿的中央位置，并且要调动藻井、柱群、陈设等一切因素来突出这个"中心"。

　　"第一殿堂"自然要配以"第一藻井"。太和殿的藻井上圆下方，总深1.8米，由上中下三部分组成。最下层是方井，中部用抹角枋、正斜套枋将方形变成八角形，并将藻井逐渐由方形过渡成圆形；上部圆井内明镜之下雕有蟠龙，俯首下视，口衔宝珠。宝珠的外面涂有水银，传说它又叫轩辕镜，以表示下面的皇帝是轩辕皇帝的后裔子孙和继承者。藻井饰以华丽的龙凤纹和云龙图案，绘制工艺精湛，全部采取深浅两色贴金的做法，与地面的雕龙金漆宝座、各种精致的陈设上下呼应，与高耸的蟠龙金柱相映衬，使整个大殿显得金碧辉煌，庄严肃穆。

太和殿

太和殿藻井局部

太和殿藻井

养心殿藻井

藻井，在古代又称天井、绮井、寰井、方井、斗四、斗八、龙井等，是由古代穴居建筑发展而来的。居于洞穴中的先人，为了出入、采光和通风，便在洞穴的顶上开一个洞。中国古代把墙上的洞叫牖，称屋顶的洞为窗。后来人们走出洞穴有了地上建筑，穴居中的这个"窗"就演化成了没有实用功能的藻井。因为它形状似井，早期的藻井又大多以藻纹作为装饰，这也就是"藻井"名称的由来。

为何以藻纹装饰呢？中国古建筑多用木料，惧怕火灾。藻是水中生长的植物，有水的意思，水能克火，将藻井饰以藻纹，具有"避免火灾以图平安"之意。至于藻井上圆下方的形状，则与中国古代"天圆地方"的观念有关。

在等级森严的古代专制社会，藻井的使用也有着严格的限制。唐代明确规定，除了皇宫建筑，其他宅第不许使用藻井。宋代对建筑的等级限制有所放宽，但老百姓的房子还是不能使用藻井、彩绘等装饰。明代规定，官员的房子不许用彩绘藻井，只有皇家建筑和寺庙这类极尊贵的建筑方可使用。

几千年来，藻井也经历了由简及繁的发展过程。到了清代，其形状、装饰图案已经是五花八门了。

养心殿藻井轩辕镜

畅音阁的功能藻井

　　故宫东路的畅音阁是紫禁城内最大的剧院，戏台屋顶的正中除了有一个饰纹漂亮的方形藻井，四周还有四个可以掀开顶盖、具有实用功能的小藻井。剧情需要时，龙鸟神仙、天兵天将之类，便会从活动藻井中悠然降临。

畅音阁

畅音阁一层的藻井

养心殿琉璃门

　　紫禁城由许多独立的宫院组成，它们被各种道路所贯通，又被各种门的开合所控制。按内外位置，紫禁城的门有房门、院门、宫门、城门之分；按形式，又可分为屋宇门、牌坊门、垂花门、券洞门、随墙门、屏门等；按门扇本身的工艺做法，又可以分为实榻大门、棋盘门、槅扇门、板门等。单是紫禁城的门，就可以成书成册。

　　紫禁城各院落也是按照等级、地位修建的，那么院门也自然就既复杂又讲究。不用看整体建筑，不用见人，人们一看门

就能大概知道里面住的是什么人。在等级森严的皇权专制社会，门就是一张硕大的名片，于是在中国的语言中，便有了"门风""门望""门第""门派""门户之见""门当户对"等一大堆从门衍生出来的，与财富、等级、地位、宗派相关的词汇。

用琉璃装饰的门，在紫禁城内随处可见，它不仅丰富了门的种类，也增加了门的装饰性。

养心殿是清代皇帝居住和处理日常政务的地方，是内庭中地位很高的殿院，其院门自然也就不同一般。养心门的主体是一座歇山顶的琉璃门楼，门楼由基座、门垛和顶部组成。为了显示建筑物较高的等级，基座不用砖砌，而是用汉白玉做成了须弥座的形式。门垛是用来安装木门和分割门洞的，用砖砌制，俗称"门腿"。门的外墙用琉璃包砌花卉岔角和盒子，门垛的四角使用黄色琉璃马蹄形柱础，上施琉璃柱。四个角的柱础和柱的形式略有变化，外角的柱础和柱为圆形，内角的柱础和柱则为方形，用这种方法处理，既不显僵化，又增加了门垛的稳定感。柱头上是用琉璃制成仿木建筑的大小额枋、平板枋和斗拱。

养心门的琉璃门

门簪正面

门 簪

　　紫禁城的大门上方都插镶着几个柱状的构件，为大门增色不少。很多人以为它们是纯粹的装饰物，其实不然。当转到门的里面再抬头细看，原来那柱状物本是几个大木钉子的钉帽。

　　两扇大木门的开合，是以各自的门轴为圆心转动的。上面的门轴如何固定呢？首先要做一个门框，并将之牢牢固定在墙体上，然后再将门扇安装在门框上。上门轴的固定方法是，将一根横木（连楹）的两端开两个圆孔，把左右门轴插入，再将这根横木与上门框固定为一体，门就可以自由转动开合了。横木与上门框就是靠这几个大木钉子结合在一起的。扁平的木钉穿过上门框和横木后，还要用一个木销将之紧紧地别住。因为这几个大木钉子的作用和位置很像妇女头上的簪子，所以叫"门簪"。

　　门簪的大小和个数（两个或四个），由门扇的大小来决定。门簪的形状有多角形、圆形、花瓣形等，有些上面还分别写上"吉祥如意""福禄寿喜"等祈福词句，但紫禁城的门簪大都只描有金线而不写字，这种简洁的作风正体现了皇家建筑追求庄严肃穆、回避民间琐碎趣味的审美境界。

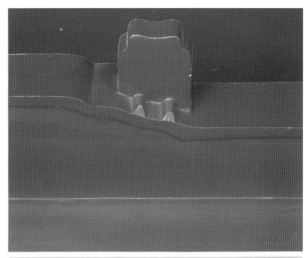
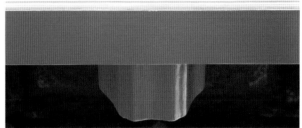

门簪背面

太和殿东侧墙门的门簪

皇极殿垂花门

垂花门的垂花

垂花门

　　紫禁城内一些院落前后院之间的墙常采用造型华丽的垂花门。垂花门是一种在门上安有檐梁屋顶的门，门前檐的两边有两根悬在空中的木柱，柱子的底端雕饰花纹，垂花门的"垂花"便指此物。这种门多用在建筑群组的内院，很少用在外墙做院门。垂花门有多种形式，有独立柱担梁式、一殿一卷式、四檩廊罩式等。

　　紫禁城的内院中有很多样式的垂花门。皇极殿位于宁寿宫院内，其两侧院墙上的垂花门属于独立柱担梁式，它采用三檩悬山中柱式做法。此种垂花门中间立有中柱，进深方向立梁枋，前后用垂柱，柱头雕莲花；门的正面安额枋檩椽；前后及两扇安装雀替和花板，梁架施以旋子彩画；两旁用了两道余塞板，将大门安在中间，朱红油漆，既简单雅致，又不失高贵。门两

边用了两道琉璃影壁,中心的图案是花瓶牡丹,象征"富贵平安",四角的图案分别为莲花、牡丹,枝繁叶茂,流光溢彩,使这座内院的门也显得相当华丽。

垂花门在北京的四合院中也常能见到,只是规格和工艺要简单许多。两进院落以上的四合院,多分内宅和外宅两部分,外宅为宾客居住,内宅才是主人居住。内外宅之间用一堵墙间隔,这堵墙上的门便常用垂花门。垂花门为四合院内的二进门,俗称二门。所谓"大门不出,二门不迈"的二门,指的就是垂花门。四合院的垂花门虽然与紫禁城的没法比,但因其显示着主人的政治地位和经济实力,所以用料和制作也都力争讲究,极尽精美。

遂初堂垂花门

　　宁寿宫花院内遂初堂采用的是一殿一卷式垂花门。这种门由一个大屋脊悬山和一个卷棚悬山屋面组合而成，也就是在中柱式垂花门后面再接出一个卷棚顶。垂花门的后面不用垂莲柱，而是将悬空的垂柱改成落地檐柱，在柱的中间再装一道屏门。这种形式的垂花门既应用于宅院、寺观，也常见于园林建筑中。一殿一卷式垂花门，一般在前檐柱间安置一座形状像棋盘门一样的门，作为真正的大门；后檐柱间安装的屏门只起遮挡视线、分割空间的作用。屏门平时不开启，即使大门常开，外面的人也丝毫看不到院内的情景。屏门实际上是可以开闭的影壁，不同的是，固定的影壁使人永远无法径直进出大门，而屏门关闭时起着影壁的作用，增强院子的私密感，打开时则敞亮通透，进出大门不用拐弯。一般遇到婚、丧、嫁、娶等大事才打开屏门。一殿一卷式垂花门的大门一般漆成大红色，屏门漆成翠绿色，两门色彩鲜艳，对比强烈。

漱芳斋屏门

　　一殿一卷式垂花门常与它两边的抄手游廊相连接，但游廊的柱高、体量均小于垂花门，以突出垂花门的显赫。阴天下雨或夏日暴晒时，人们便可沿游廊抵达各个屋门，游廊内与其他院落相连处则常用屏门。

景福宫虎皮石墙月洞门

月洞门

　　月洞门是随墙门的一种，做成圆洞形，形如满月，称月洞门。《南部烟花记》称，陈后主尝为贵妃张丽华造桂宫，作圆门如月，障以水晶。后庭设粉墙，庭中唯植一桂树，谓之月宫。

　　月洞门多用于园林，虎皮石墙上开月洞门，粉墙中月洞门，竹篱月洞门等形式，材质不同，意趣各异。紫禁城内的宁寿宫景福宫的院落中两道虎皮石围墙中分别有一个圆洞门，虎皮石是用不规则块石砌筑，表面用灰浆勾缝，一般用黄褐色花岗岩毛石砌筑，因石块色彩的差异，外观如虎皮，故名，多用于园林建筑围墙。景福宫院落的虎皮石围墙用黄色、绿色、蓝色、红色等不同颜色的石块砌筑而成，中间开一个圆洞门。

　　为了使园林活泼，有的还把门做成八方形、瓶形、花瓣形等。乾隆花园最北部的院落西边的小院竹香馆前围墙中有一个八方门。这些形式各异的园林小门给庄严的宫廷增添了一抹轻快斑斓的色彩，也给人以无尽的遐想。

三友轩瓶式门

竹香馆八方门

毗卢帽垂花门

在有些宫殿的内部也装设垂花门，名曰毗（pí）卢帽垂花门。这种门一般用于重要建筑的室内，所以做工甚为精美。毗卢帽垂花门下部为垂花门，上部为船形或冠叶形毗卢帽，饰以云龙或云凤浮雕纹，皆为浑金做法，门扇上用金漆绘出云龙、蝙蝠等吉祥图案，金碧辉煌。重要殿宇室内的东西暖阁，多用毗卢帽垂花门作为装饰。紫禁城内的许多殿宇如太和殿、保和殿、乾清宫及皇极殿、养心殿等处，都使用了毗卢帽垂花门。

毗卢帽装饰原是毗卢佛的帽子，后来将这种形式移用宫殿建筑中，为的是增加建筑的庄重感。

毗卢帽的使用有着严格的规定，清嘉庆四年（1799年），宣布和珅二十款罪状，其中第十三款就是斥责和珅的建筑装修和园林点缀的逾制，后来和珅宅第赐给庆亲王永璘，永璘死后，传给庆郡王绵慜。嘉庆二十五年五月有一道圣谕：据阿克当代庆郡王绵慜转奏："伊府中有毗卢帽门口四座，太平缸五十四件，铜路灯三十六对，皆非臣下应用之物，现在分别改造呈缴。"从这道圣谕我们可知道，毗卢帽门口，连亲王都不让用，完全为皇帝专用。

毗卢帽垂花门

槅扇门

　　中国古代建筑的墙体不承重，这给门窗的设置提供了很大的灵活性，可以随意大小，不受限制。为什么中国古建筑的门窗远比西方古建筑的门窗大，原因便在于此。中国古建筑最早使用的是板门，也就是用木板拼接而成的门。板门制作工艺简单，经济实用。门的一次革命性的发展是唐末五代时期出现了格子门。格子门的出现首先是有利于室内采光，更重要的是它使建筑的外观产生了很大的变化。

　　宋代称这种门为格门，清代叫槅扇。槅扇门分上下两段，上半部分用棂条拼成格子状，叫槅心，可糊纸、糊纱或安玻璃，即使在关闭的情况下，阳光也可以通过槅心透进屋内。门的下段叫裙板，由木板拼成。槅心与群板之间的连接板叫绦环板。群板和绦环板也是门中装饰性较强的地方，它根据槅心的式样、繁简以及精细程度作不同的处理，往往饰雕如意头、卷草、夔龙等图案。

槅扇门外观变化丰富，比板门轻灵活泼，它一出现就取代了板门而成为建筑中门的主要形式。槅扇门的短处是不如板门坚固，甚至可谓不堪一击，私密性也较差，所以多用于院内的殿门、屋门，城门、院门一般不采用。

紫禁城宫殿的槅扇门有四扇、六扇、八扇等，主要是根据开间的大小来定。

槅扇门的槅心分成两种，一种是棂条图案，一种是菱花图案。

菱花与棂条槅心

棂条槅扇门

　　棂条槅扇门的槅心是用平直的棂条制作成步步锦、灯笼框、拐子纹、龟背锦、冰裂纹、卍字纹、回纹、方格纹等几何图案。在棂条空当过大的地方，常加花头如工字、卧蚕、方胜、卷草、蝙蝠的卡子。有的还将棂子做成各种写生图案，卍寿字图案。这种类型的槅扇门多使用在等级较低的建筑上，如民间建筑和紫禁城的东西六宫中。

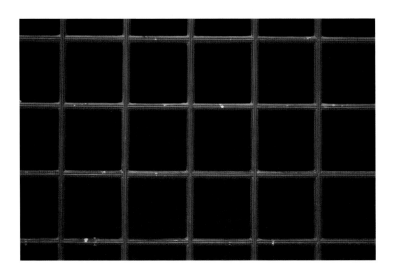

体元殿福寿纹槅扇门

体元殿槅扇门

体元殿槅扇门裙板局部

　　储秀宫区域建筑槅扇采用"卍"字和团"寿"组合的图案。清代晚期，玻璃普及，槅心没有棂条，满安玻璃，门框和裙板雕刻"卍""寿"字，卍字的四端向纵横延伸，连绵不断，相连形成各种花形，意味着吉祥万福连绵不断。团寿字象征着长寿。"卍"字和团"寿"组合，象征着长寿万福。卍寿字的四周还雕刻蝙蝠图案，以寓意"五福捧寿"。槅扇不施油彩，取木质原色，古朴典雅。

菱花槅扇门

菱花槅扇门是用曲线为主的各种菱花和球纹及其变种构成菱花槅心。这种类型的槅扇，用于等级较高的建筑中。紫禁城的主要宫殿使用的都是菱花槅扇。

菱花图案分为几种，有三交六椀、双交四椀、三交述纹六椀等形式，建筑的等级不同，使用的菱花图案也不同。其中三交六椀槅扇门是最高级别的，紫禁城中很多的宫殿用的都是这种门。双交四椀槅扇门的规格仅次于三交六椀。裙板的装饰纹饰也有龙纹、如意纹之别，因为门经常开启，手脚触摸的地方容易磨损，所以槅扇门通常都在边挺的看面四角安装一些铜制

三交六椀与面叶

饰件，这种饰件总称"面叶"。面叶按形状又分为角叶、人字叶和看叶。还有一种饰件叫菱花钉（或称为菱花扣），是钉在菱花上的圆帽小钉，用来固定菱花。紫禁城用的这些构件多为铜质镏金工艺，它们在朱红底色的大门上很醒目，具有画龙点睛的意义。

　　清代官式建筑受《工部工程做法》的限制，槅扇的制作基本上是格式化和定型化的，这在很大程度上限制了变化创新。但民间建筑不受官式建筑的约束，槅扇的花样丰富多彩，棂条图案除用平直的棂条组合成各种几何图案外，讲究的门整个槅扇还雕刻复杂的内容，有龙凤、花鸟及人物故事等，简直是一个优美生动的木雕工艺品。

裙板与面叶

窗

眼睛是心灵的窗户，窗户则是建筑的眼睛，它们同样都是与外部交流的重要途径。《释名》中说："窗，聪也，于内窥外为聪明也。"

窗户的作用无非是采光、通风和观望。中国古建筑的墙体不承重，这给门窗的设置带来了极大的灵活性。中国古代建筑的窗子之大，是西方人难以想象的。像紫禁城中的太和殿、中和殿等，基本上朝阳的整面都是门窗，对于以石材为主要建筑材料、墙体承重的西方建筑来说，这是很难做到的。

窗户的起源与远古人类居住的地穴或半地穴建筑有关，这些建筑为采光和出入的需要，一般在建筑的顶部开一个小口；后来，建筑逐渐建升到地面上，窗户也就从顶部转移到了墙壁上。窗户的样式变化多端，除了整体形状不同，更多的是窗格的变化。从最早的十字方格窗发展出斜方格窗、直棂窗和锁纹窗；宋代又有了破子棂窗、水纹窗、板棂窗、栏槛钩窗等；明清时期，窗的形式和种类仍有发展，最常见的形式是槛窗和支摘窗两种。

窗格的样式与槅扇门的式样是相配使用的。有什么样的槅扇就配以什么样的窗格纹饰。

御花园千秋亭的窗

菱花窗

　　紫禁城的主要建筑如前三殿、后三宫上的窗户用槛窗，窗的纹饰是菱花窗。菱花窗的窗格与槅扇一样，三交六椀是用三根雕成菱花的木条，用菱花钉将它们钉在一起，形成六瓣形的花纹，所以称为三交六椀菱花窗。古时候没有玻璃，窗户上糊纸或纱。为了方便糊纸或糊纱，菱花一般都比较密集，影响了采光，所以古代的房间内光线并不明亮。

　　菱花窗在诸类型的窗中等级最高，其中三交六椀等级最高，双交四椀次之。分级森严，是封建专制统治的一大特点，从这个角度看，紫禁城建筑群又是等级符号群。

　　菱花窗上与槅扇门一样使用了一些铜制构件。如单拐角叶、双拐角叶、看叶等。为了方便开关窗户，有的看叶上还装有"钮头圈子"作把手。高级的拐角叶、看叶上装饰着云龙花纹，表面还要镀金或贴金，与朱砂油饰的红色窗扇交相辉映，营造了沉稳浓艳、富丽堂皇的视觉效果。

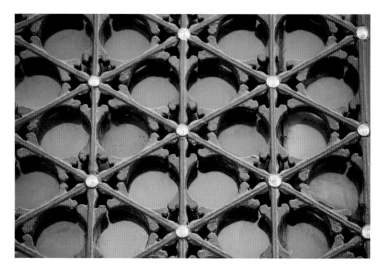

三交六椀

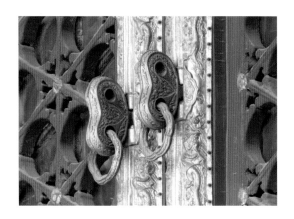

钮头圈子

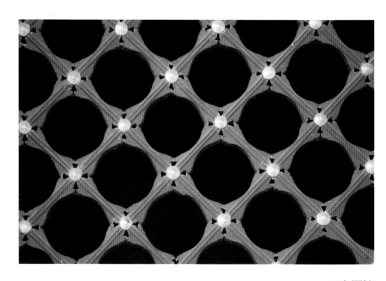

双交四椀

太和殿的菱花窗

支摘窗

　　东西六宫的窗子没有三大殿的华丽，却生活化了许多，采光效果也更好。这种窗户分为上下两段，上段可以支起，下段可以摘下，因此称为"支摘窗"。支摘窗的做法多分内外两重，当外窗支摘以后，里面仍有较为疏朗的、平时不开的上下屉窗二槽。

　　支摘窗的建筑等级较槅扇窗低，其窗格的纹饰不能使用菱花窗纹饰，而只能使用一些等级较低的窗格形式。它的窗格变化很多，仅紫禁城而言就有步步锦、灯笼锦、万字锦、万寿锦等，其中步步锦和灯笼锦是支摘窗中最常见的两种格式。这些窗格不仅实用美观，还有一定的吉祥含义。

　　步步锦，是将棂条拼接成上下左右对称的图案，其中较短的棂条有的做成卧蚕形状，也有的做成卧蚕带工字，还有的外圈全由卧蚕组成，成为卧蚕大围。步步锦的棂条交接处做成人字尖榫，插入卯口中，并用胶粘牢，并寓意着"步步高升"。

　　灯笼锦，其每组图案的主要棂条相交结成直角形，直角不与相邻棂条发生联系，呈现一种形

万寿锦窗格

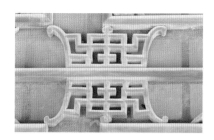

寿字卡子花

福寿纹卡子花

蝙蝠岔角

似灯笼的图案。图案之内也常施用富有变化的棂条借以增添情趣。它的构图实际上是卍字形的各种变化，象征着吉祥万福。

万字锦、万寿锦窗格，也常用在支摘窗上。万字锦中的"卍"字是一种符咒、护符，古印度、波斯、希腊等国家都有它的印记，人们通常认为它是太阳或火的象征。佛教认为它是释迦牟尼胸前的"瑞相"，是"万德吉祥"的标志。梵文中它的读音是"室利靺蹉"，意为"吉祥之所集"。武则天长寿二年（公元693年），将其作为一个汉字，读"万"音。支摘窗以它为窗格图案，取"聚集吉祥万福"之意。卍字向四面延伸形成各种花样，意味着吉祥万福连绵不断，并有"富贵不断头"的美称。

万字锦如果与变体的团寿字相结合，便形成"万寿锦"窗格，象征着长寿万福。长春宫、储秀宫、绛雪轩等支摘窗的窗格纹饰采用了卍字、寿字。

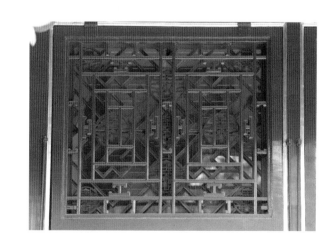

步步锦窗格

坤宁宫

坤宁宫吊搭窗

坤宁宫的窗户

紫禁城建筑群采用了很多种形式的窗户，但重要的宫殿窗户在大风格上还是统一的，唯有坤宁宫的窗户有所例外。

坤宁宫是紫禁城内的一座重要建筑，是后三宫的最后一座，明朝是皇后居住的地方，清朝按规定也应该是皇后的正宫，但实际皇后并不住在这里。坤宁宫窗户的特别在于它的窗台很低，也没有采

用三交六椀菱花，而是用了外糊窗纸的吊搭窗。吊搭窗是满族建筑窗户的传统形式，是满族人为了适应寒冷的自然条件而创造出的一种"窗户纸糊在外"的窗户形式。采用这样的形式就是为了接受更多的阳光。清朝入关以后，于顺治十二年至十三年（1655—1656年）仿照沈阳故宫清宁宫的形制重建坤宁宫，全宫九间，东边两间为暖阁，是皇帝大婚的洞房，西边为口袋殿形式，内环墙设万字炕，是祭祀萨满的场所。

神武门的盲窗

盲 窗

　　窗户也有真假之分，假窗称为"盲窗"，这是一种做成窗户样子但不起窗户作用的窗。盲窗远看像真窗，对建筑的外观有很好的装饰作用，近看才感觉到它是不通透的假窗。与真窗相比，盲窗在装饰的同时不破坏墙体的坚固程度。

　　紫禁城神武门城楼两山墙外侧就采用了砖制盲窗，上面雕成菱花窗形式，并油饰彩画，远看是菱花窗，近看才知是盲窗。

盲窗还常用于游廊中。游廊的盲窗与城楼的盲窗不同的是，游廊的盲窗可以开合，窗扇是整块木板雕成窗的形式。乾隆花园抑斋两侧的游廊，内侧安坐凳栏杆，外侧设槛墙，槛墙上安盲窗。抑斋的盲窗是木质的，窗格朱红油饰，窗扇可以开启。窗户关上内外分开，使内外景物自成一体，造成幽深的气氛；窗开则内外景物互相因借，形成一体。颐和轩和景祺阁之间的一段游廊，也使用了盲窗，作用与抑斋两侧游廊上的盲窗相同。

抑斋游廊盲窗

颐和轩游廊盲窗

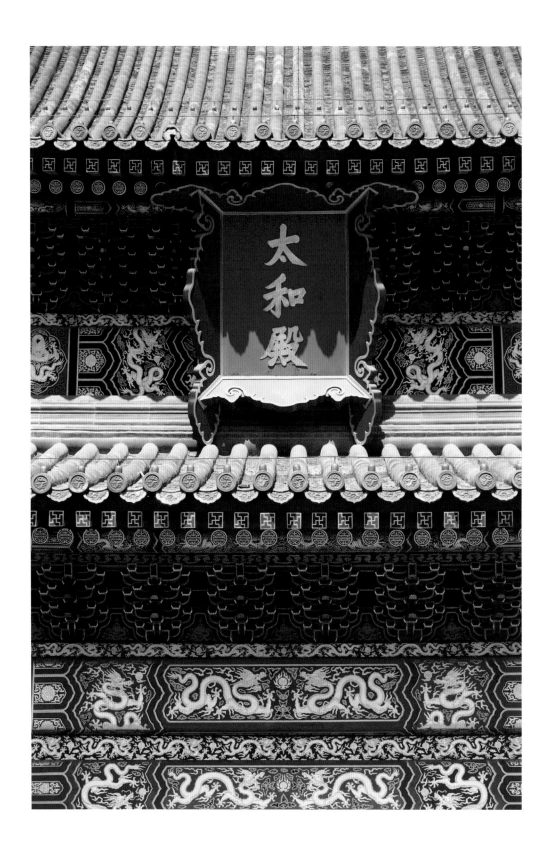

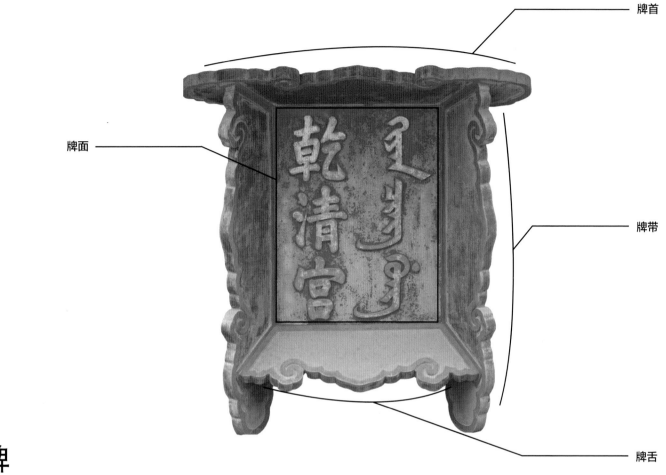

牌首

牌面

牌带

牌舌

殿　牌

　　紫禁城内的大小宫殿上都悬挂了匾额，以示该建筑的名称，它们是建筑的装饰品，也是建筑的说明书，就像人们的名字。明代书画艺术大师董其昌曾说："大都诗以山川为境，山川亦以诗为笔。名山遇赋客，何异贤士遇知己，一入品题，情貌都尽。"建筑有了品题，也就有了灵魂。明清宫殿的殿牌或是皇帝御笔，或是善于书法的大臣书写，或其他人撰写。其中竖额称为牌，横额称为匾。重要建筑的外檐基本都用牌。紫禁城的殿牌为"华带牌"的形式，由牌首、牌带、牌舌、牌面组成，形式端庄、华丽。长方形的殿牌上稍宽下略窄，这是为了弥补人们从地面向高处看的透视变形。清代用满汉两种文字书写殿名，文字都是铜质镏金，蓝地金字，俗称"朱漆、青地、金字牌"。一些等级较低的建筑上使用的殿牌，形式很活泼并雕饰各种花纹。

　　紫禁城的殿牌绝大多数为三字，殿名内容大多出自四书五经。例如后三宫，命名为"乾清""交泰""坤宁"。《易·序卦》说："乾，天也，故称乎父；坤，地也，故称乎母。"《老子·道德经》中说："天得一以清，地得一以宁。"帝后寝宫取名"乾清""坤宁"，用以象征天地，包含着天清地宁的含义。后三宫的东西两侧并列着东西六宫，象征十二星辰。乾清宫庭院东西两门，取名"日精""月华"，象征日、月。通过命名的点示，明确地展示了日月星辰众星拱卫天地的图式，大大深化了后三宫的象征意义。

三大殿殿牌

清代的殿牌都是以满文、汉文合璧书写，但是三大殿的殿牌却只有汉文，而没有满文，这是因为民国初年，袁世凯为其登基当皇帝做准备时，将紫禁城外朝进行大规模修改，把外朝殿牌上的满文去掉，只留下汉文，并一直保留到现在。

太和、中和、保和三大殿的殿牌形式较为简单，周围匾框雕云纹，中间汉文书写殿名。明代建紫禁城时，将三大殿命名为"奉天""华盖""谨身"，并统称为"奉天三殿"。"奉天"取自《尚书》"惟天惠民，惟辟奉天"中的"奉天"二字，所以皇帝的圣旨中都说"奉天承运……"后来，嘉靖皇帝即位，因为他并不是正统的皇位继承者，遭到维护"祖制"抵制皇权的势力的反对，于是以复古来更改祖制。他把三大殿的殿牌也改掉了，取《尚书·洪范》中"皇建其有极"而将奉天殿改名为"皇极殿"，表明皇帝代天立言，为民立极。并将其他两殿改名为"建极""中极"殿。清朝入主中原，为了缓和清朝政府与汉民族的矛盾，朝廷希望以"和"为重。于是取《周易》中"保合大和，乃利贞"之句，大与太通，太和、保和就是保持宇宙间的和谐，使世间万物各得其利，用以隐喻皇权长治久安。"中和"出自《礼记》："中也者，天下之大本也；和也者，天下之达道也。致中和，天地位焉，万物育焉。"中和殿位于太和殿和保和殿之间，以此为名，表示维系平稳的统一秩序。这样，三大殿的名称就改成了"太和殿""中和殿""保和殿"。

修缮过的太和殿殿牌

136

中和殿殿牌

保和殿殿牌

乐寿堂殿牌

乐寿堂殿牌

　　宁寿宫一区建筑的殿牌与别处有些不同，它的形式较为复杂，在殿牌的基本形式上，又在牌首、两侧牌带、牌舌上增加了云龙纹浮雕装饰。乐寿堂，"乐寿"一词出自《论语》："智者乐，仁者寿。"乾隆皇帝以此表示自己是智而乐、仁而寿的千古一人的帝王。牌匾的牌首为一对行龙，两牌带各两条升龙，牌舌中央为一坐龙，两侧各一行龙。牌面蓝地衬托，满汉文书写殿名，文字用铜铸并镏金。

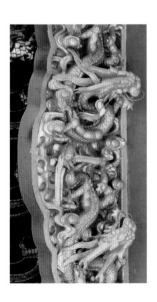

太和殿内景

乐寿堂匾联

匾 联

"匾取其横,联妙在直",室内、外都用,内容一般与宫室的用途密切相关。

匾横挂在建筑的上方,主要是题刻建筑名称。紫禁城的匾凡在外檐的,大多四字,也有三字的;在室内的,也以四字居多,三字、二字的也有。匾的样式有四周为边框,中间镶木板的;有木板后加穿带连接、四周不加边框的;还有做成镜框,框上加以华丽纹饰的;也有将匾做成舒卷波折的书卷式、套圆式、如意式等花式匾,白漆底写绿字或金漆底里面写黑字的。室内的匾一部分做成内里为木架外加纸裱的纸匾;一部分以各种花色的贴落直接贴在墙上;还有一些做得非常讲究,如颐和轩室内的云龙金匾。

储秀宫东配殿"熙天曜日"匾

体和殿东配殿"平康室"匾

太和殿内"建极绥猷"匾

室内匾联所用工艺材料可谓五花八门，有纸、锦、木、雕漆、玻璃、象牙、珐琅、铜镏金等，琳琅满目。

重华宫翠云馆内雕漆"养云"匾

颐和轩的匾联

颐和轩镏金云龙"太和充满"匾

颐和轩的匾是在楠木上浮雕九龙祥云制成的。上方中心为坐龙，其余为行龙，"太和充满"四个字为浮雕罩黑漆。匾两边的金柱上悬挂一副对联，均为云龙金联，每联十一条龙，其中外侧六条、内侧五条，鋈金漆；联上的字同样浮雕罩黑漆。对联为："景欣孚甲含胎际；春在人心物性间。"意思是：美景蕴藏于种子和胚胎时期，春光存在于人心与性理之间。颐和轩位于宁寿宫一区内，宁寿宫是乾隆皇帝为他归政后做太上皇而预建的，宫殿的名称都与归政理德、颐养天年有关。"颐者，养也。"和，即太和，和气。颐和，即养和。颐和也可以解释为颐养精神，保御太和。

匾联题写内容反映出使用者的思想情趣和精神追求，对室内环境起到画龙点睛的作用。

抱柱楹联

　　楹联悬挂在建筑的楹柱上，是从古典诗词发展而来的。楹联要求对仗工稳，音调铿锵，朗朗上口。紫禁城的楹联有抱柱楹联、一般楹联和云龙楹联三种。抱柱楹联用在室外；一般楹联和云龙楹联用在室内。楹联的形式与匾相呼应。匾联与建筑的关系很像中国绘画中画与题的关系，画家认为题跋的作用一是"画者之义，题者发之"，也就是说画家没有意识到的意趣，通过题跋给予阐发；二是"画之不足，题以发之"，即画面未能充分表达的高情逸思，可以通过题跋进一步升华。匾联可以阐发建筑的功能、作用，还能够充分表达建筑的意蕴和情思。

146

太和殿楹联

宝 座

故宫的许多殿堂内都置有宝座，在皇宫，特指皇帝、皇后专用的具有仪式性的坐具。

宝座大多摆放在正殿明间的中心或显要位置，单独陈设，极少成对，以示独一无二、威严尊贵。宝座的背后大都配置较大的座屏，宝座的两边则陈设甪端、香筒、仙鹤、蜡扦等器物。皇帝端坐在宝座之上，君临天下、俯视群臣，以示"普天之下，莫非王土；率土之滨，莫非王臣"。

大殿中的宝座高高在上，象征着威严的皇权。就此雍正元年六月二十二日还有一道关于宝座的上谕。大概的内容是，新进宫的太监不懂规矩，我看到扫地太监挟持着扫帚从宝座前昂然走过，

黄花梨框嵌象牙鸡翅木山水图屏风宝座

长春宫屏风宝座

全无敬畏之心。今后凡有宝座之处，都要步态恭敬，屡教不改者要严惩治罪。

宝座的种类很多，在不同的建筑中摆放什么样的宝座都是很有讲究的，金漆雕龙宝座只会放置在最高等级的建筑中，如太和殿、乾清宫、皇极殿都是金漆雕龙的宝座屏风。东西六宫后妃们居住的宫殿的升座受礼之处放置宝座，一般用紫檀木宝座屏风。而花园的建筑中宝座屏风式样更为丰富，一座陈设在故宫家具馆的黄花梨宝座屏风，宝座扶手靠背和屏风上黄杨木雕刻山水镶嵌象牙楼阁，山间白云朵朵，山水楼阁若隐若现，三三两两的玉雕人物行走在山间小道上，活灵活现。这套精美的宝座屏风原先陈设在乾隆花园的符望阁内。

太和殿宝座

　　故宫的宝座以紫檀、黄花梨等贵重硬木为材料，多用大料、做工精致、装饰华丽。故宫现存等级最高的宝座，是太和殿的髹金漆云龙纹宝座。它置于有7层台阶的高台之上，后方是7扇髹金漆云龙纹大屏风，明嘉靖年间制作，通高172.5厘米，宽158.5厘米，纵深79厘米，座圈有13条金龙环绕，由须弥座代替座腿，座壁饰以双龙戏珠透雕图案。宝座周边摆设了各有象征意义的象驮宝瓶、吉兽用端、仙鹤及香炉等。

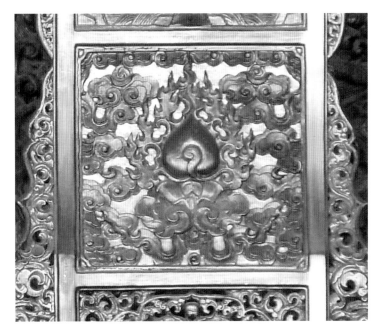

宝座椅背局部

太和殿作为紫禁城等级最高的大殿，自然也是中国等级最高的大殿，但它的利用率很低，逢盛大典礼才会启用，所以，这个等级最高却孤独寂寞的宝座，也是可以称孤道寡的。

须弥座的二龙戏珠雕刻

槅 扇

中国古代建筑的结构决定了再大的房屋都可以只有内柱而没有内墙。这使得屋内空间的分隔可以采取多种方式。远古时期，使用帷帐、屏风作为空间隔断物。明清时期的室内空间分割主要使用三种方法：一是用砖砌或木板糊壁纸做成隔断墙，这是一种固定的隔断。二是使用槅扇，槅扇可开可合，使空间可通可断，是一种灵活的分断方法。三是使用各种木制的罩来分隔空间。罩为通透的隔断物，使空间产生似隔非隔的朦胧感。

乐寿堂槅扇心

乐寿堂槅扇

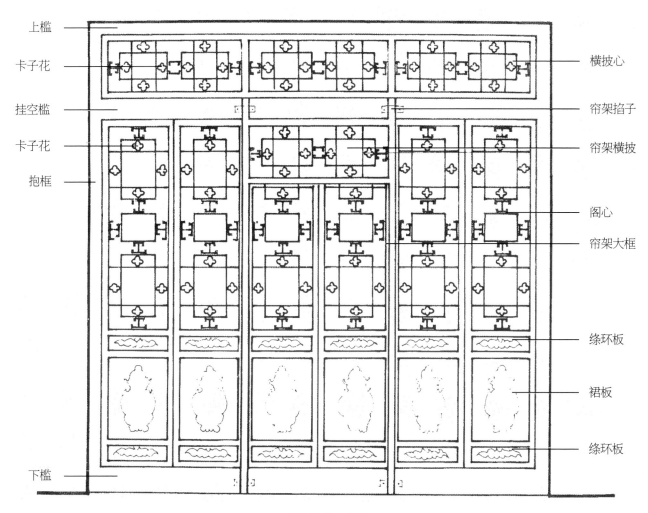

上槛

卡子花

挂空槛

卡子花

抱框

下槛

横披心

帘架掐子

帘架横披

阁心

帘架大框

绦环板

裙板

绦环板

槅扇构造示意图

　　槅扇也称为格门，因多采用两面夹纱做法，又称为壁纱橱。由木头做骨架，分为上下两部分，上为槅心，下为绦环板和裙板，槅心部位，用棂条拼成各种纹样以便于贴纸或夹装其他透明物。棂条以灯笼框最为常见，还有冰裂纹、步步锦、回纹等纹样。如果拼花做成两层，中间夹以纱绸，就成了"夹纱"的专门形式。"夹纱"有的是纱或刺绣品，有的是用诗文和绘画。也有的镶嵌玻璃，既美观又透光。绦环板与裙板上雕刻或镶嵌着各种图案，具有很强的装饰性。

　　槅扇不仅开合转动自如，还可以随意拆卸。根据房屋开间的大小，可安装四扇、六扇，以至十扇、十二扇多寡不等的槅扇。一般中间两扇作为通道，外安帘架，可悬挂门帘。

　　紫禁城宫殿装修风格差异很大，槅扇的工艺、材料也不相同。重华宫用的是紫檀博古槅扇，储绣宫的是花梨木雕花槅扇，翠云馆、建福宫的是金漆槅扇，宁寿宫各处则采用艺术镶嵌槅扇。

乐寿堂内景

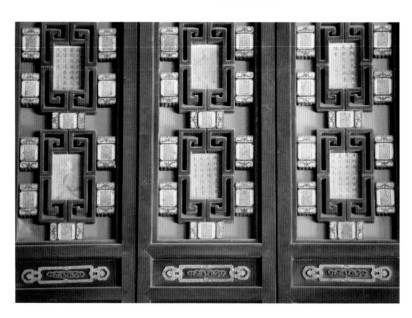

乐寿堂槅扇局部

乐寿堂室内是分成上下两层的仙楼，用楹扇将空阔的空间分隔成内外几间。乐寿堂的楹扇用贵重的紫檀木做成，楹心用棂条拼成回纹灯笼框，卡子花中镶嵌珐琅，楹扇心夹蓝纱，与珐琅镶嵌相协调，并裱以绘画和诗文作品。这些绘画诗文作品，绘画是如意馆的画师们画的，诗文是朝中的大臣们书写的。画作有梅、兰、竹、菊等多种题材；诗文以五言诗、七言诗为主，多为大臣们的歌功颂德、祈福祝寿之作。

室内用这些既美观又风雅的楹扇装饰，增加了室内的文化气氛，也为现代人室内装修所模仿。

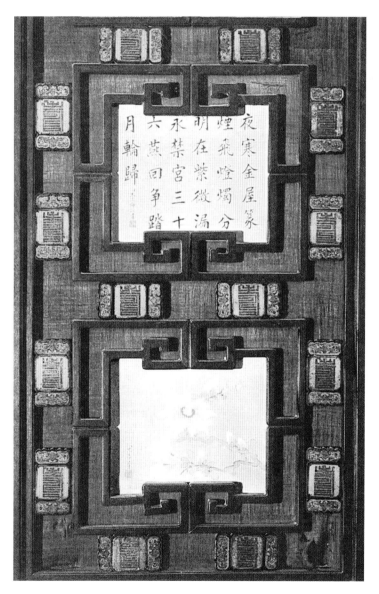

乐寿堂楹扇的书法与绘画

落地罩线描图

罩

    罩有落地罩、飞罩、落地花罩、栏杆罩、炕罩等之别。落地罩由槛框、横披、槅扇、花牙组成，横披和抱框组成几腿罩，两抱框内侧安槅扇，槅扇落地，槅扇内侧安花牙。几腿罩与落地罩相似，而抱框下不安槅扇，在横披与抱框间安花牙，或与横披下安花罩。栏杆罩由槛框、大小花罩、栏杆及横披组成。横披与抱框组成几腿罩，横披下又安两竖立的边框，将开间一分为三。中间上安大花罩，其下落空以便往来交通。两边上安小花罩，下安栏杆。

漱芳斋栏杆罩

寿康宫瓶式罩

三友轩圆光罩

体元殿落地花罩

储秀宫八方罩

储秀宫

落地花罩由槛框、横披和花罩组成，横披与抱框间的落空处安花罩。落地花罩依据形式的不同又分为落地花罩、圆光罩、八方罩、瓶式罩等。

罩是通透的隔断物，既可作为象征性的空间分隔，又不将空间完全隔断，构成空间的过渡和转换，形成相互连贯的空间，并可以相互透视和借景，使其成为一个有机的整体，以增强空间的层次感和韵律感。

台 基

　　站在太和门向北望去，是紫禁城最重要的一组建筑——太和殿、中和殿、保和殿。这三个大殿共同建在一座三层汉白玉台基上。黄色的殿顶、红色的殿身配以高高的白色基座，使紫禁城这组最高级别的建筑壮观、显赫的同时又不沉闷、压抑。

　　中国古代殿堂建筑的屋顶非常大，不但出檐大，像个伞盖，而且屋顶的高度甚至与屋身不相上下，这种比例很容易造成头重脚轻的不和谐之感，然而中国古代殿堂建筑实际上是由三大部分——屋顶、屋身、台基组成的。高高的台基首先在高度比例方面使整个建筑实现了和谐。而白色的台基又使本来沉重感

很强的建筑轻盈了起来。古代绘画中那些天上宫阙，它们本都是按照地面的建筑绘制的，但是为什么如此的轻灵飘逸、美轮美奂？还不是云托云绕的结果。而高高的白色台基对于地面建筑而言，起到的正是"云托"的作用。中国殿堂建筑源远流长历经千年锤炼，到明清时期，它在结构和审美方面的近乎完美，本是非常自然和顺理成章的。台基，实际上已经成了中国古建筑又一个代表性的特征。

　　中国自古以来，台基在宫殿建筑中一直在使用。高高的台基为中国古代的木结构建筑提供了坚实的基础，而且还阻止了

太和殿台基

地下水的毛细蒸发，排除了地面雨水对木结构和筑墙基部的侵蚀，有效地保证了土木结构的寿命，同时也显示出宫殿的壮丽。古代还把台基称为"重台"，传说尧住的宫殿台基高三尺。春秋战国时期各地诸侯以宫室的高台榭为美，形成"高台榭，美宫室"的审美取向，台基也日趋讲究。晋灵公造九层之台，工程浩大，尽管投入了大量的人力、物力，可是三年还没有完工。楚国的章华台也比较高，尤其华丽，建成之后，楚灵王邀宾客登台，休息了三次才到达台顶的宫殿，所以有"三休台"之称。吴王夫差也造了一座300丈高的姑苏台。在相互攀比的风气下，台榭越建越高，层层廊庑环绕，壮丽非凡。有人认为，修筑高台的风气在与军事防卫有关的同时，还与游猎骑射的兴盛同步，后来随着生产方式由骑猎向农耕的转移，高台之风也逐渐衰减，到了近代，台子的高度远不如当年了，已经失去了居高临下、雄视山河的气势。

西洋建筑中，希腊建筑也用台基，也有分三层的，但就是较大的台基，每层的高度也仅为两三踏步，与建筑物本身的高度相差甚远，算不上整个建筑的主要成分。埃及建筑则完全没有台基，耸立的墙壁仿佛是由沙地里长出来的。亚西利亚虽筑起了广袤千尺、高数尺的大高台，并在上面筑起百十座宫殿，

太和殿西侧台基

但每一座宫殿自己却没有台基。中国建筑的三部分比例得当，其根据建筑用料、结构的特点，在实用的基础上，达到了较成熟的美学境地。

紫禁城三大殿的台基呈土字形，分为三层，俗称三台。台基的台心高 8.13 米，边缘高 7.12 米，总面积达 25000 平方米，基座周围有石栏杆 1453 根，栏板 1414 块，栏杆上均配龙凤纹浮雕望柱头，每根望柱下伸出供泄水用的石雕兽头一个，共 1142 只，每层台阶斜置雕龙御路。三大殿的台基虽没有春秋战国时各诸侯所建的台那样高耸入云端，但制作非常讲究，华丽无比。台基为三层重叠的须弥座形式，模仿的是佛教须弥佛座。"须弥"二字，见于佛经，本是山名，其实就是喜马拉雅的古代注音。佛家以喜马拉雅山为圣山，佛经上也叫它修迷楼山，故佛座亦称须弥座。最初只有佛座用须弥座，后来最高贵的建

筑台基也使用须弥座的形式，以表明其崇高伟大。三大殿建的三重汉白玉须弥座台基，为等级最高的台基。

太和殿台基侧路

台基的栏杆

螭 首

三大殿台基中心与台边有近一米的落差，非常利于排水。台基周围石栏杆的每块栏板底边都有小洞，每根望柱下面都有雕琢精美的石雕兽头，名"螭（chī）首"。传说螭也是龙的九子之一，性好水，所以将其安放于此用于排水。螭兽的口内均有凿透的圆孔，大雨滂沱时，1142个兽头同时吐水，形成"大雨如白练，小雨如冰注，宛若千龙吐水"的奇异景象，既壮观又有趣，堪称紫禁城一景。只可惜大多数人很难遇上雨游紫禁城，加之有的水孔堵塞未通，这一景观只能更多地靠人们的想象来弥补了。

太和殿螭首特写

165

太和殿台基栏杆

栏 杆

栏杆古作阑干，纵木为阑，横木为干，原是纵横之意。也就是木头纵横交错围成了护栏。

栏杆在中国还有很强的文学意味。六朝唐宋以来的诗词里，文人都爱使用"阑干"来画景赋义，创造意境，抒发情感。栏杆多被用来描写伤感之境，抒发忧愤之情。如唐诗人李颀的"苔色上钩阑"；李白的"解释春风无限恨，沉香亭北倚栏杆"；南唐后主李煜的"雕栏玉砌应犹在，只是朱颜改，问君能有几多愁，恰似一江春水向东流"等。此外，"钩栏中人"也常指

在钩栏的环境中生活的人，还是古代妓女的代名词。

中国古建筑的台、楼、廊等居高临下的建筑物，边沿都设有栏杆，以防止人或物的跌落。栏杆的高度很讲究，太矮则安全性较差，尤其会给凭栏而立的人以不安全的心理感受；太高虽然安全，但会给人以封堵、囚禁的感觉，影响建筑的舒适度。尤其是中国古文人有登临楼台、凭栏而望的嗜好，这使得栏杆的高度更加重要。"落日楼头，断鸿声里，江南游子，把吴钩看了，栏杆拍遍，无人会，登临意"。试想，如果栏杆的高度

体元殿游廊抱厦坐凳栏杆

养心殿琉璃扶手墙

不合适，辛弃疾"拍起来"会多么不舒服。中国古建的栏杆通常约半人之高，太和殿台基栏杆的栏板部分高109厘米，望柱高160厘米。作为中国古代最高级别的建筑，这个高度很可能是经过历史锤炼的最佳高度，而且对今天的建筑也不乏参考价值。

栏杆种类很多，以制作材料可分为木、石、砖、琉璃等。以形式可分为栏板望柱栏杆、寻杖栏杆、柱墩栏杆、坐凳栏杆、花栏杆等。

寻杖栏杆、坐凳栏杆多为木质。前者多用在楼阁上层或楼梯两侧，兼作上下楼梯的扶手；后者用在亭、榭和游廊柱间，高一尺五六寸，上安平盘，以便游人休息。砖、琉璃栏杆多用在花坛四周，形制较为短小。紫禁城采用了多种栏杆，其中以汉白玉的最多，其次是木制的。较特殊的是，宁寿宫用了黄绿琉璃砖砌成的透空低矮的扶手墙，其作用是栏杆，形式却似墙似栏，颇为别致。

石栏杆

紫禁城台基上的栏杆均为石栏杆，多采用栏板望柱式。这种栏杆由栏板和望柱两部分组成。栏板自上到下由寻杖、荷叶净瓶、华板三部分组成；望柱由柱头、柱身组成。柱头雕刻各种图案；华板部分的花纹变化较多，有海棠线纹、竹纹、水族动物、方胜、夔龙等多种。

三大殿前的柱头雕刻龙、凤纹饰，这是最高级别的望柱头，不是什么建筑都可以用的。级别低一些的火炬望柱头，则多用于紫禁城周边的附属建筑。三大殿的栏杆随着三层台基的外缘

而设，这使台基俯视的平面形状得以平视地立面反映，高低错落、曲折回环，增强了建筑的韵律感，赋予了过于方方正正的建筑以活力和诗意，使三大殿这组最高级别的建筑稳重庄严又不沉闷呆板。

御花园因为是休闲放松之地，所以它采用的栏杆力求变化，种类丰富。其中钦安殿的栏杆最为精工，其栏板上部作寻杖与荷叶净瓶，华板雕有精美的"穿花龙"图案，中心部位是两条行龙，一条在追逐火焰，另一条在前面回首相戏，须发飘动，

鳞爪飞舞，衬以疏密有致的花卉卷草纹，动感十足、神气活现。钦安殿每块栏板的花纹各不相同，殿后正中的栏杆用海水江涯纹衬底，两条蛟龙翻腾出没其间。究其原因，钦安殿位于紫禁城中轴线的正北端，五行说中北属水，故饰以水龙纹。

宁寿宫花园内禊赏亭的栏杆也很值得一说。亭是仿照东晋永和九年王羲之等文人兰亭修禊赏乐，曲水流觞而建的。书法名篇《兰亭序》中有"茂林修竹""惠风和畅"这样的环境描述，所以禊赏亭栏杆的栏板上饰以动感强烈的风竹纹，每块栏板的四周还用浮雕竹竿镶边，形似一个个精美的画框。栏杆的望柱头做成方形，上面也雕刻竹纹。通过强调风、竹、水来营造当年的"兰亭意境"。虽然这类纹饰鲜活有趣，但规格较高的、非游戏功能的殿堂建筑一般是不采用的，而是严格按规制行事，以示皇家的威严堂皇。

禊赏亭的栏杆

望柱头

火焰望头

栏杆望柱的顶部叫望柱头，也可简称为望头或柱头。对于中国古建筑来说，栏杆的装饰作用绝不亚于它的拦挡功能，而从装饰的角度讲，望柱头便是栏杆的眼睛。既然是眼睛，自然就该外形漂亮，眼神丰富。

望头的形状很多，有圆柱形的、方形的、火炬形的；还有雕刻成各种动物的，如北京卢沟桥的狮子望头。望头的饰纹也是变化多端，有龙、凤、狮子、云、水、仰覆莲、石榴头、云龙等图案。不过龙、凤、云不能随便用，只限于宫殿及寺观。

紫禁城的望头多为较高的圆柱形，上面的花纹有龙、凤、夔龙、云、花卉等。其中龙纹、凤纹是最高级别的纹饰，太和、中和、保和三大殿的望头全部采用了龙凤纹，而且是一个龙纹一个凤纹相间排列的。次要一些的宫门、庑房多用级别低一些的火焰形望柱头。三大殿四隅崇楼周围栏杆的望柱头，由于建筑物本身地位次要，采用的就是这种望头。午门等几个门楼上采用了石榴形的望头；花园中的亭、台、楼、阁及周围所用栏杆的望头，其形状和纹饰则比较不拘一格，品种较多，整体风格由殿堂的庄严富丽转为活泼生动，具体有石榴头、云头、仰覆莲、竹节纹等。

进了午门就是形似弯弓的内金水河，河上对称建有五座拱桥，中间主桥是皇帝走的，栏杆共用18根等级最高的云龙纹望头；左右的四座宾桥是文武大臣、王公贵族走的，桥上的栏杆使用了次一等级的火炬望头。火焰形的望头是模仿古代桥梁栏杆望柱上为夜间行人照明所设的灯烛、火把的形状雕刻而成的，每个望头上阴刻24道弯线，由底部向尖端攒聚，俗称"二十四气"。

御花园中钦安殿的龙纹望头刀法遒劲、精巧玲珑、清俊秀逸，怒目奋爪的飞龙翻腾出没于云朵之中，动感极强。相比之下，凤纹望头则恬静雅致，姿态似展翅欲飞。

龙纹望头

凤纹望头

武英殿东侧的断虹桥

断虹桥狮子望柱头

在太和门西熙和门外往北，武英殿东侧有一座著名的汉白玉拱桥"断虹桥"，建造年代为明初或元代，尚无定论。有学者认为，断虹桥为紫禁城的前身元大都的内金水桥，原有三座（虹），明拆二留一，故称断虹桥。

桥面为汉白玉巨石铺砌，桥两头各有两只披头散发的石兽，古人叫它霸下，相传是龙生九子的第六个儿子。霸下体肌健硕，怒发冲冠，双目圆睁，炯炯有神；嘴边两根龙须飘拂，柔软潇洒；四爪尖利，遒劲有力，稳稳蹲在桥头，恪尽职守。桥两侧石栏板上部透雕莲花盆景，下部是一前一后双龙追逐嬉戏牡丹宝相花浮雕，双龙精雕细刻，在前奔跑的龙扭头逗引后面的龙，飘逸轻巧，穿梭于云雾雨气之中。桥栏杆上共有望柱20根，每侧10根，望柱头则雕刻一圈连珠莲花须弥座，座顶雕刻形态各异的石狮，狮子身上还有小狮，有的嬉戏打闹，有的搔首弄姿，有的声严厉色，有的则俏皮可爱，造型生动，神态可鞠。由于天长日久风吹日晒，狮子风化严重，模糊不清。据说这些可是紫禁城内最早的遗物，也是紫禁城内唯一一处动物造型的望柱头。

断虹桥各种表情的狮子

173

金水河东侧的石海哨

石海哨

　　太和门左右的协和门、熙和门台阶上的望头有些奇怪，人们会发现那火焰形的望柱头上钻有垂直的小孔。传说这是为康熙皇帝插鞭子用的，实际上，这是一种报警设施，叫"石别拉"，又称为"石海哨"。遇有紧急情况时，紫禁城的守卫人员就将"小铜角"——三寸长的牛角状喇叭插入孔内，用力吹响，发出号角般的声音，以示有警。据记载，顺治年间，曾在紫禁城内安"石别拉"数圈，乾清宫、坤宁宫、宁寿宫、慈宁宫为内圈；神武门、东华门、西华门为外圈；乾清门、景运门、隆宗门称为前圈；三大殿、协和门、熙和门叫后圈。可见当时的警报系统遍布整个紫禁城。时至今天，别处的石海哨已不存在，唯有协和门、熙和门附近的还能看见一些。

石海哨望柱头

图案简洁的抱鼓石

抱鼓石

紫禁城建筑物台阶石栏杆的尽头，常能见到一种石质构件，它是栏杆与地面的过渡部分，这就是抱鼓石。它的作用一是为了顶住最末一根望柱，以保持栏杆的稳定；二是作为栏杆尽头的装饰，以优美的形象完整地结束栏杆的整体造型。抱鼓石略呈三角形，侧面采用一组如意卷云线，中部含一圆形的"鼓镜"，上面雕成云头状，下端雕麻叶头或角背头。多数抱鼓石不另雕刻纹饰，颇为简洁，少数鼓面雕刻简单的卷曲纹；也有一些复杂的图案，如缠枝花、龙凤、狮子等。

御花园中钦安殿台阶上的抱鼓石甚为精美。钦安殿是御花园内最高大的建筑，供奉玄天上帝。抱鼓石浮雕牡丹、莲花、菊花等花卉图案，两条蛟龙游戏其间。花纹虽然密致，但由于采用高、浅浮雕的不同形式，给人以主次分明、密而不乱的感觉。整个画面气势贯通，一气呵成，为石雕之精品。

钦安殿抱鼓石

御 路

出入高大台基上的建筑，必通过台阶。尊贵的建筑，台阶宏阔，一般都设有三至五道，登上太和殿的台基有三道，旁边两道为台阶，中间的一道分成三部分，各斜置一块巨型汉白玉，上面雕刻龙凤纹样以示尊贵，这就是御路。因为它面积大，位置重要，是台基装饰的重点。

古代的台阶分东阶、西阶，《礼记》中说："主人就东阶，客就西阶。客若降等，则就主人之阶；主人固辞，然后客复就西阶。"而今的"东道主"一词就是由此而来的。西阶，又称宾阶，是客人走的台阶。通常以宾阶为尊，表示对客人的尊重。后来，台阶的形式发生变化，将古代的东阶、西阶合而为一，中间以御路相隔。御路没有实用功能，只为台阶增添象征意义的美感。英国学者李约瑟称宫殿的御路是"一条布满浮雕的精神上的道路"。

保和殿后的御路是一整块长方形的大石雕，叫"云龙阶石"，其选材之巨大，雕工之精美，堪称中国古代石雕艺术的瑰宝。这块石雕长 16.7 米，宽 3.07 米，厚 1.7 米，重约 200 吨，是用一整块艾叶青石雕造的。这块艾叶青石是明代遗物，清乾隆二十五年将明代的纹饰凿去，重新进行雕饰。石雕四周刻卷草图案，下端是海水江涯纹，中间为凸起的朵朵流云和九条犷猛翻卷的蟠龙，两侧踏跺浮雕着狮、马等图案。据记载：雕刻这座石雕共用"石匠 14480 工半，搭材匠（起重匠）12365 工半，壮夫 35618 名，共计 62464 工"。

御路浮雕局部

这块石料是从北京房山大石窝采集、运来的。从几丈或十几丈深的地方把这样大的石料开采出来，所用劳力"非万人不可"。这块巨石雕凿之前至少重300吨，在没有现代化起运工具的明代，它是怎样从百里之外的房山运到紫禁城来的呢？传说，运输这块石料特意选在严冬季节，先在沿路每隔一里路打一口井，从井里汲水泼于路面，结冰后用旱船拉运。拉这块大石料的旱船需骡马一千余头，每八头为一组，前后排列一里多长。为使骡马同时用力，几十面铜锣紧敲猛打，骡马拉着沉重的大石，在众人的簇拥下缓缓前进。就这样，民夫万人用了一个月才把这块巨石运至紫禁城，其场面的宏大，简直难以想象。其他小一些的石料，也是用这种方法从房山运到北京的。

墙 壁

虽然中国古建筑的墙壁大都不负责支撑房顶，但它的围圈障蔽功能是和所有建筑一样的，可谓无墙不成房。

就一座房屋来说有檐墙、槛墙、山墙、扇面墙和隔断墙。而且院有院墙，宫有宫墙，城有城墙。不同的墙体其建造的方法和趣味也不尽相同。

紫禁城宫殿墙壁的中上部是红墙，下部是稍厚一点的灰砖墙。这种墙由下至上分为三部分，即裙肩、墙身、上顶墙肩。灰砖部分便是裙肩，或称下肩。说起中国古建筑，我们常会听到一个词——"磨砖对缝"，裙肩就是用这种工艺砌筑而成的。其工艺过程是，先挑选烧制质量较好、颜色统一的灰砖，再将

其砍磨成尺寸精确、表面光洁平滑、棱角分明的细砖。磨砖对缝的摆砌，砖与砖之间不铺灰，而是摆好垫稳后再灌注灰浆，以达到密封、黏合的目的。砌好的墙面还要经过整体的干磨和水磨，使墙面平整无灰痕。磨砖对缝工艺的最大特点是表面无明显灰缝，整个墙面平整、细致，同时不用担心灰缝因潮湿或灰质变化而粉化、变色。磨砖对缝工艺不仅对砖的烧制质量要求高，而且很费工时，只有很讲究的建筑才采用这种工艺。

裙肩以上红色墙身的砌制要简单许多，除用砖不同外，也无须打磨。抹灰摆砌，灰缝较宽，最后在墙的表面抹装饰灰并刷浆。紫禁城房屋的墙身涂抹的是红色的灰浆，成为红墙。采用磨砖对缝工艺的灰色群肩，不但结实、耐潮、耐腐，在色彩上与金顶红墙搭配，也是既和谐又不失变化。

至于裙肩部分比墙身宽出一点，是因为墙体的下部常年受到雨水和地面潮气的侵蚀，容易产生"酥碱"现象，出于墙体防潮的需要，增加了墙体厚度，并采用质地较好的砖和精细的工艺，从而形成人们常见的墙面构图。这样，除了加强墙体稳定性外，还使墙体具有了一定的节奏感，从而很大程度地改善了视觉效果。

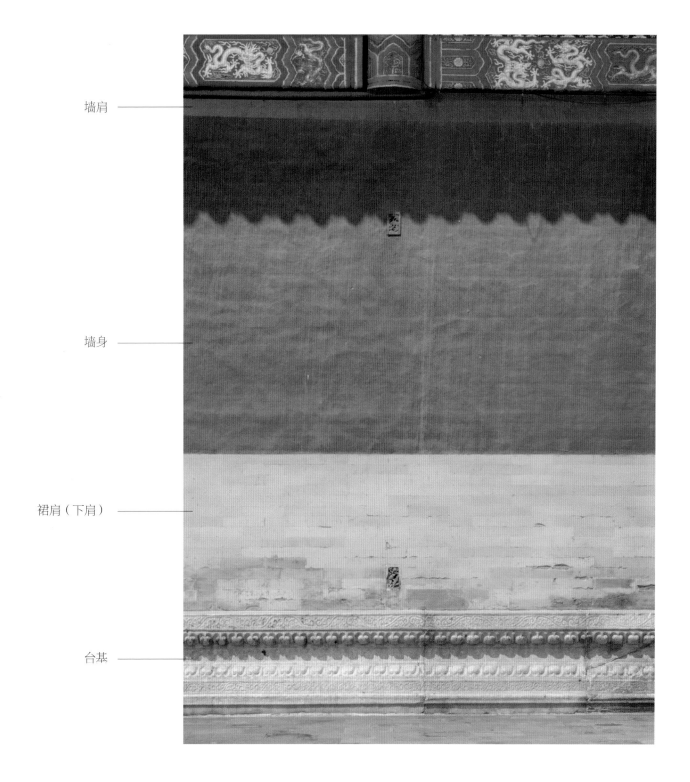

墙肩

墙身

裙肩（下肩）

台基

砖雕透风

　　紫禁城内许多红墙上排列着一个个透雕的方形花砖。这些花砖是什么呢?

　　中国的木结构建筑使用了大量的木材,因此,防止木材的腐朽风化是延长古代建筑寿命的重要措施之一。民间有一句谚语:"柏木从内腐到外,杉木从外腐到内。"我国古代工匠很早就注意到了这个问题,所以从伐木、选材的过程中就开始了防腐工作。冬天的木材较为干燥、坚实,不易腐蚀,所谓"仲冬之月、日短至,则伐木取箭";"自正月以终季夏,不可伐木,必生蠹虫"。因此多在冬季伐木。在建筑的选材上也是经过周密考虑的。紫禁城宫殿的柱子多用楠木、东北松,梁架多用楠木、黄松,椽檩和望板多用杉木,角梁和门窗台框多用樟木,脊吻下的构件多用柏木。这些都是出于防腐防蛀的考虑。建筑物构筑起来后还有一些特殊的防腐措施。凡是露在外面的木质构件,如梁、椽、柱等,都要用桐油浇涂,再刷漆,油漆中就含有防腐的成分。立柱上刷红漆,内外檐梁架上绘彩画,装饰的同时,更是为了防腐防蛀。

墙体上方的透风

暴露在外面的木质构件的腐蚀问题解决了，而位于砖墙内的木柱防腐问题怎么解决呢？聪明智慧的古代匠师们很早就开始着手解决这个难题了。唐代的佛光寺大殿采用八字门外露柱的方法，使木柱能保持通风。元代永乐宫，埋在墙体中的檐柱周围都裹有芦苇或瓦片防腐。那么，紫禁城墙体内的柱子是通过什么方法来通风防腐的呢？方法是在埋墙木柱的周围裹有瓦片，空隙中填有干石灰，起着防湿驱虫的作用，并且在柱子上下的墙体上还开有砖雕通风口，称为"透风"。我们在墙体上看到的这些砖雕，并不是纯粹的装饰构件，而是起着为墙内的木柱通风的作用。每根墙内柱子的上端和下端各设一个砖雕通风口，形状都是长方形，中间镂空成各种花饰——葵花、牡丹、菊花；还有各种动物形象——牛、羊、猴等。它不仅为墙内的柱子通风透气，使木柱能够延年益寿，而且还成为墙体上的装饰，为平板单调的红墙增加了星星点点的图案装饰。

墙体下方的透风

大滴水

　　站在珍宝馆的门外向北望去，两堵高高的院墙，笔直地向北伸展，形成一个很长的夹道。奇怪的是在平整的红色的宫墙上突兀地伸出几个零星的半筒形的石质构件，高低错落，并略有不和谐之感。那么这些打破红墙寂寞的半筒形构件到底是什么呢?

　　原来在红墙的内侧，紧倚着宫墙建有殿堂，宫墙便成了房屋的后檐墙。由于宫墙高出屋顶很多，屋顶的雨水不能顺畅排出，于是就在后宫墙上凿了一些洞用来排水。为了不让排出的水冲刷宫墙，就安设了长长的滴水。由于屋顶的高低不同，滴水自然就高低错落地排列着。

乾隆花园墙外的大滴水

东筒子滴水

券洞

在珍宝馆北面的夹道（俗称东筒子）墙上，有几处不对称排列的拱形券洞，券洞以两券、三券、四券、五券相连形式成组分布。这些券洞是用砖砌的，其中有些砖券还立有石券口。

券洞原本是深入墙体内的，一般券口宽143～178厘米，中高220～250厘米，进深65～88厘米，在上面搭上屋顶，

是每日宿卫禁城巡更护军的值房。《明宫史》记载："砖砌券门，安大石于上，凿悬孔垂之，各有净军在下接盛，于每月初四、十四、二十四日开玄武门及各小门打扫之。"清代称为堆拨，亦称门讯，清宫巡更时间是从二更至五更（约晚十点到次日晨五点），夜里传筹（长约30厘米长的木棒）巡逻。每晚自景运

四券相连的券洞

186

五券相连的券洞

门发筹，巡更路线是从苍震门经景运门，经乾清门出隆宗门，过启祥门、春华门、长庚门绕经西北隅，再向东经中正殿后铁门、顺贞门、吉祥门回到东洞子大宫东北角堆拨，传讯一周共12讯。

券洞三两相连，巡更护军不需要这么多的券洞，有些可能是值班侍卫、护军坐更之处。再说坐更或巡更，有时百无聊赖，常常在券洞内玩耍涂抹。据记载乾隆四十一年某日，乾隆帝路经中正殿前门堆拨时，发现门上刻画有一副棋盘，当即御令严查，结果当事者被重笞革职。修缮时还在券洞里发现了很多的字画，如："剑壹佰分支，弓十四张，交班夜点。""大班之人不可信，现时光景不可言。""金山竹影九千秋，云锁高峰水自流；远望湖水三千里，胜到江南十二州。"还有些随意的山水人物图画等。

后来这种防御功能不用了，修缮时将这些券洞堵实填平。

另有一种说法认为这些券洞是为了施工时进料方便而预留的。紫禁城的建筑工程并非一次建成，在初建时将宫墙围起来。这样环境得到保护，但是下一次施工却带来不便，为了解决这一问题，古代建筑工程师们想出一个两全其美的办法，就是在宫墙上留出几处券洞，这样就避免后人掏堵打洞返工之弊，也为下一次施工时进出料创造了有利条件。但这种说法似乎并不令人信服。

影 壁

　　典型的民间北京四合院由三进院落组成，而且院门应该位于四合院的东南角。进入院门后，迎面是一块影壁，也称树屏、照壁、影墙，俗称影背。影壁的功能是作为该组建筑物前的屏障，以别内外。它既可以防止外人窥视内部，又成为人们进入院落前停歇和整冠的地方。在空间布置上，它还起到轴线转折的作用。从空间艺术上来讲，拐弯抹角是一种含蓄的手法，在古代，

宁寿门八字琉璃影壁

其主要意图是避邪。传说转几个弯，煞气就不会进入宅内。

紫禁城内东西六宫是按照北京四合院的形式建造的，不同的是宫院门开在正中，每一宫的院门内几乎都有一座影壁，这些影壁大多为木质的，上面绘制"五福捧寿"等图案，以图吉祥。还有些影壁做成门扇式样，也称为屏门，一般多为四扇一组，门扇体量较小，门板较薄，板面光洁，常常在门扇上书写"吉祥如意""四季平安"等吉祥语。门平时关闭，必要时也可以开启，形成"流动的空间"。影壁顶部覆以黄色琉璃瓦，下有白色石座承托，壁上有书有画，既分割空间，又是艺术点缀。

紫禁城内还有少数影壁是琉璃或石制的，往往还饰以精致的雕刻图案。特别是琉璃影壁，由于它装饰华美而成为古建筑群中的一道亮丽风景。

翊坤宫影壁

太极殿影壁

石影壁

　　紫禁城内有两座很有特色石制影壁，分别坐落在东六宫中的景仁宫和西六宫中的永寿宫；两影壁规模、造型和大小完全一样。通高2.58米，全长3.06米。影壁只有壁座、壁身两部分，没有壁顶。

景仁宫石影壁正面

景仁宫石影壁背面

　　壁座用汉白玉雕制而成，饰以典雅的线刻如意图案，最下为圭角。影壁两端前后各置一尊面向外、背依影壁的圆雕蹲兽，头部鬃毛飞舞并与影壁的边框相连接。蹲兽的体积不大，高 90 厘米，形状犷猛，造型生动，头上独角，四爪锋利，四腿粗壮，仿佛在用尽全身的力量支撑着影壁。

　　壁身周围边框，用汉白玉石雕制成两圈枋子，饰以半浮雕的宝相花纹饰。在两枋之间镶嵌着 2 厘米厚的汉白玉石薄板，并饰浮雕的绦环带纹。影壁中心用大理石制成，利用大理石自然纹理为装饰图案，饶有趣味。景仁宫的石影壁心两面天然纹样完全不同，一面为"云雾"状，一面似"山川深谷"，介于似像非像之间，颇有抽象的写意国画意趣。

乾清门

乾清门
八字琉璃影壁

影壁琉璃雕花局部

　　琉璃影壁，釉色莹润光亮，色彩丰富；它比木材坚固耐用，比石材色彩鲜艳，是影壁中规格最高的一种。木影壁和石影壁一般用在庭院内，而琉璃影壁则是设置在庭院的外面，增加了庭院大门的华丽感觉。

　　琉璃影壁和房屋一样，也分成三部分——壁顶、壁身和须弥座。壁顶多是琉璃瓦庑殿顶；须弥座有石座和琉璃座；照壁身仿木建筑做出立柱、上枋、斗拱，壁身为长方形，壁面四角有岔角，当中有圆形盒子，"盒子"和"岔角"是影壁装饰的重要部位。

乾清门东侧的影壁

　　乾清门的两个影壁沿乾清门两边呈雁翅形左右排列，每座长10米，厚1.5米。影壁下部用黄色琉璃砌成高1.7米的须弥座，须弥座的上下枋均雕饰西番莲，上下枭则配仰覆莲图案，相互呼应；束腰部分精心设计了五组花草雕饰，其中有两组高浮雕的折枝荷花水草，花叶相间，疏密得体。须弥座上是5米多高的壁身，四个岔角内是宝相花，有的含苞待放，有的花瓣盛开。壁身的盒子内雕饰一个大花篮，篮内伸出枝叶繁茂的朵朵花儿，花间枝叶相映，流光溢彩；在花篮两侧的空隙里，各穿出一条飘带。壁顶是黄色琉璃瓦的庑殿顶，正脊和各檐角饰吻兽，施用绿色琉璃线刻黄色旋子彩画和降魔云图案。

　　这对影壁作为装饰品，除了为乾清门增添了不少亮色，它还另有特别的功能。从保和殿往北，地势猛然低落，落差竟达8米之多，而从保和殿台阶到乾清门台阶的距离只有30米。这么短的间距，在高大的宫殿群中，乾清门前的院落就显得过于狭窄，给人的视觉和心理感受很不舒服。为了在狭窄中求得广阔，在高低差中求得平稳，设计者就在乾清门的左右布置排开了两个大照壁。由于它斜八字对称屹立，把乾清门夹在八字的交会点上，这实际上是利用了视觉错觉，加强了空间透视感，弥补了院落南北的狭窄感，从而增加了乾清门的庄严秀丽。

五彩琉璃鸳鸯游水嬉戏图浮雕

养心殿琉璃影壁

养心殿门外，有一座琉璃影壁，因其背倚值房的东山墙，因此又叫坐山影壁。

这座影壁的须弥座用汉白玉雕制而成，影壁中间的琉璃"盒子"内是一幅五彩琉璃浮雕的鸳鸯游水嬉戏图案，因此这座琉璃影壁称为"鸳鸯戏水琉璃影壁"。鸳鸯亦称相思鸟，传说鸳

鸯雌雄形影不离，雄左雌右，飞则同振翅，游则同戏水，栖则连翼交颈而眠。如若丧偶，后者终身不匹。因此，鸳鸯成为爱情、婚姻美满的象征。在这里使用情意绵绵的鸳鸯戏水图案，主要因为这是皇上的寝宫。

养心殿琉璃影壁正面

九龙壁的补丁

宁寿宫是乾隆皇帝为他归政后做太上皇所建的宫殿，它的正门皇极门前立起一座体形庞大的琉璃影壁，俗称九龙壁，它也是琉璃影壁的一种，是乾隆三十六年改建宁寿宫宫殿时同期建造的；其长29.4米，高3.5米。影壁正身壁面为彩色琉璃烧制，画面以海水、流云为背景，上雕刻九条巨龙，四周满布琉璃花饰。龙的形体有坐龙、升龙和降龙，其中一条黄色蟠龙居中为主龙，左右各四条游龙。龙与龙之间凸雕峭拔的山石六组，将九条龙作灵活的区隔。九龙的足下有起伏而富有层次的海浪，横亘于整个画面，使得九龙又互为联系，增加了画面的完整性。为了突出龙的形象，采取高浮雕的手法塑造，龙头的额角厚度最大，高出壁面20厘米，为的是突出龙头。

九龙壁的塑面共由270个塑块拼接而成，工艺难度很大，设计时要精心地选择在花纹简单、不破坏龙的头面等处来断块，同时还要考虑错缝叠砌时保持壁体的坚固。塑块拼合时则要求逐块衔接，层层吻合，因此，非掌握娴熟技法的艺人是难以完成的。

带补丁的第三条龙

九龙壁有一处很有趣的局部，就是第三条白龙腹下有一块
木质的"琉璃砖"，其色质与琉璃很不和谐。相传，当时建造
九龙壁的砖都是定做的，需要多少就烧造多少，没有多余的，
可工匠在装拼时不慎打碎了一块，无奈之下，他们就买通了工监，
用木头雕凿了一块一模一样的来代替琉璃件，精心涂以颜色后，
皇帝视察竟未看出破绽。如今颜色脱落无人修复，木质本色一
目了然。

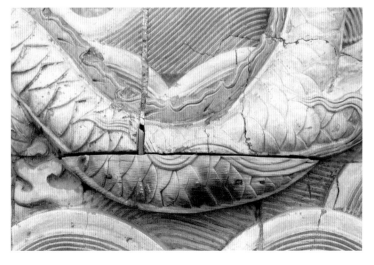

木质补丁

明清崇尚九五之尊，九五之数代表天子之尊。九龙壁不仅
主体龙是九，其他地方也按九、五设置，如庑殿顶用五脊；正
中用九龙花脊；斗拱之间采用五九四十五块龙纹垫拱板。九龙
壁自上到下很多处都蕴藏着九、五之数。

197

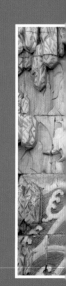

九龙壁次序图

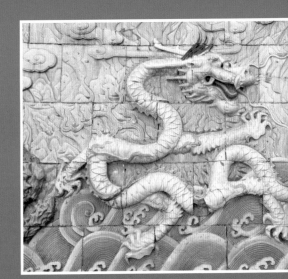

　　九条飞龙，黄色正龙居中，其前爪环抱，后爪分拨，龙身盘环，姿态活泼而又庄重；正龙左右两侧的两条蓝龙，均为左向降龙，以衬托正龙之威严；相隔的左右两条白龙则均为右向升龙，以求变化；再远的两条紫龙，复为降龙却左向，以求与两条蓝色降龙形成不失变化的呼应，但其降势却比两条蓝龙略缓，这一微妙的变化，实现了它们与最外侧的两条黄色相向升龙的和谐过渡。

　　统观九条龙的姿态、色彩及总体构成，可谓既变化丰富又规整蹈矩，既飞动不羁又克制雄浑，既活泼生动又庄重威严。如此之设计，一定出自造型功底深厚的艺术家之手。

金 砖

人们常说紫禁城的地都是用金砖铺的。那么，金砖是什么样子的呢？当你走进紫禁城的重要殿堂就能看见地面上铺墁着光润似墨玉，踏上去不滑不涩的方砖，这就是人们所说的"金砖"。

金砖并不是真的用黄金做成的，那为什么叫金砖呢？有人认为这种砖是专门为皇宫烧造的细料方砖，质地细密，敲起来有金石之声，因而称为金砖。还有人认为，这种砖是运到北京的"京仓"供皇宫使用的，所以叫"京砖"，后来逐渐演化为金砖。

紫禁城使用的金砖，是江苏苏州生产的。苏州地区土质细腻，含胶体物质多，可塑性大，澄浆容易。用这种泥制成的砖，质地密实，表面光滑。再者，苏州位于大运河畔，水路运输方便，所以使用苏州砖。

制造出一块金砖，要经过多种工序。先要选土，所用的土要黏而不散，粉而不沙；而后练泥，也就是将水加入泥土中，不断地踩踏，踏成稠泥；练好泥后，再澄浆，制坯。然后将砖坯阴干，入窑烧制。"入窑后要用糠草熏一月，片柴烧一月，干柴烧一月，松枝柴烧四十天，凡百三十日而窨水出窑"。铺墁金砖的工艺要求也很高。首先要进行坎磨加工，以便墁好后表面严丝合缝，即所谓的"磨砖对缝"。然后抄平、铺泥、弹线、试铺，最后按试铺要求墁好、刮平。最后浸以生桐油，才算完成。从金砖的制作、铺墁过程看，其耗时之长，费工之多，制作之烦琐，可算是名副其实的"金砖"了。

室内金砖地面

花石子路

人们漫步在紫禁城御花园中，很可能会忽略脚下的石子路，但稍加留神便会发现，小路原本是由小石子拼成的一幅一幅图案连就而成的。

御花园的花石子路遍布全园，由 900 多幅图案组成。图案每一幅独立成章，并可以粗略地将它们分成四类。一是吉祥画，有"龙凤呈祥""喜鹊报春""凤穿牡丹""云鹤团寿"及各色如意等；二是取材于历史故事、民间传说的故事画，如"关公过关斩将""空城计""张生与崔莺莺花园相会"、《聊斋》故事等；三是人们喜爱的人物图案，如"渔樵耕读""十美图""二老观棋"等；四是花鸟虫草、七珍八宝之类。

"空城计"图案位于花园的东南，画面不大，用砖雕刻而成，人物刻画得非常细腻，眼睛、嘴、头发、衣服等用不同的石子拼成，

御花园东侧的花石子路

202

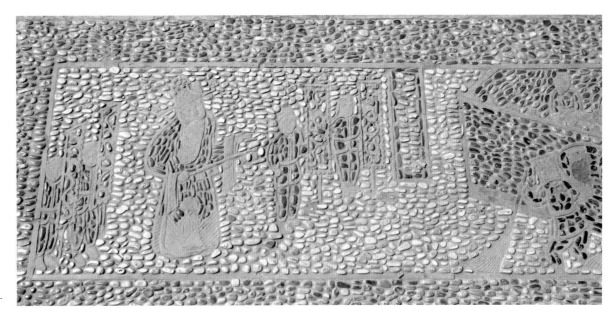

空城计

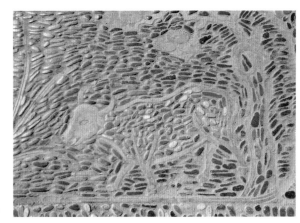

十二生肖牛

还隐约可见诸葛亮和司马懿的不同神态。花园延辉阁前东侧还
有一组"十二生肖"花地，从北向南，由鼠至猪依次排列。

　　铺设花石子路，是古代建园艺术中常见的一种形式，历史
悠久，在江南私家园林中常常使用。它的修镶过程较为复杂，
一般采用两种方法：一种是将长条形的砖铺在地面上，用剃地
工艺在砖上剃出花纹，在所需要的地方或空白处填上各色石子，
形成美丽的图案；二是先用灰土垫底，再按预先设计好的图样
用筒瓦或板瓦磨制成的瓦条在灰土中镶砌出图案的轮廓，然后
用石灰粉、白面、桐油调制的油灰填抹进去，再按设计的图样
在油灰上用各色石子填充镶嵌，将石子拍平后撒上白灰粉，一
两天后，用水刷净，路面上各种美丽的图案就显露出来了。这
样铺成的路面结实耐用，石子不易脱落。御花园中铺设的花石
子路多采用前面一种方法。

十二生肖马

御花园内水井外景

御花园内水井亭顶

御花园内水井

水 井

　　明清皇帝吃喝的泉水每天从玉泉山用水车运来。乾隆御制诗中有"饮食寻常总玉泉"之句。皇帝出京、巡幸、围猎也要"载玉泉水以供御用"。而宫廷内一般生活用水主要取自宫内大大小小的几十口水井。

　　相传紫禁城初建时，凿有水井72眼，以象征"地煞"。这些井有的设在宫院中，有的设在厨房、库房内，都是为了生活和消防用水而设的。井的设置十分考究，一般的井，井上安有石盖板、井口石、木盖板，再加上铁锁，防护相当严密，以预防有人失足落入井内。当时打水是用绳吊桶汲水的，有的便在井亭梁下架一根木枋，上安滑轮，御花园千秋亭前的井亭内还保留了这样的装置。

　　紫禁城内大大小小几十眼井中最著名的要算是珍妃井了，它位于宁寿宫花园的北出口处。这口井记载了一段凄惨的故事。

珍妃是光绪皇帝的宠妃，她13岁时和姐姐同时应选入宫，被封为珍嫔。光绪二十一年（1895年），晋升为珍妃。珍妃美丽贤德，深得光绪皇帝的宠爱，常与光绪皇帝一起嬉戏，平时住在景仁宫，但常和光绪同住养心殿，因此遭到光绪的皇后隆裕皇后的妒忌。隆裕在慈禧面前谗言，珍妃失去了慈禧的欢心，一度被贬为贵人，后又恢复为妃。光绪二十四年（1898年），光绪皇帝接受了以康有为为首的改良派的变法主张，维新变法，推行新政，珍妃追随光绪，也力主变法，从而引起了慈禧的不满。光绪二十四年九月，戊戌变法失败，维新分子遭到捕杀，慈禧把光绪禁在西苑的瀛台，并幽禁了珍妃。

1900年八国联军攻陷北京，慈禧临逃往西安前，命太监将珍妃从幽禁处——景祺阁北边的小院叫出来，以联军将进宫，为免遭污辱为借口，命珍妃自尽，珍妃不从，慈禧便命人将井上的井盖挪开，太监崔玉贵将珍妃强行推下井去。当时，珍妃年仅25岁。光绪二十七年（1901年），慈禧等人从西安回宫后，才将珍妃的尸体从井中打捞出来，并把井盖盖好。慈禧死后，珍妃的姐姐瑾妃曾在这口井北面的小房里布置了一个小灵堂，以示纪念。这口井，后来人们就称它为"珍妃井"。

珍妃井

流杯渠

宁寿宫花园内有一座三间小亭，名为"禊赏亭"，亭内地面以瓮石凿如意云头式流杯渠槽。古人有在春秋两季到河边洗浴身体以避除灾病的习俗，此称为"祓禊"（fú xì）或修禊。历史上最著名的修禊，莫过于王羲之等在兰亭写成书法名篇《兰亭序》的那次了，而禊赏亭就是仿照兰亭建造的。

东晋永和九年（353年）三月三日，书法家王羲之与东晋名流谢安、孙绰、孙统、王彬之等人会于浙江绍兴兰亭，修祓禊之礼，羽觞随波，饮酒作诗。他们将酒杯放置在自然环曲的水流上，杯随弯曲的流水前进，停在谁的面前，谁就饮杯中酒并赋诗为乐。在这次修禊的活动中，王羲之写下了著名的《兰亭序》。

修葺宁寿宫花园时，乾隆皇帝附庸风雅，效仿王羲之与友人于兰亭曲水流觞修禊之雅趣，在亭中凿环渠以仿兰亭的自然弯曲的河水。宁寿宫花园本无水源，那么这人造流杯渠的流水又从何而来呢？原来在院内西南角假山背后的房子里安置着大水缸，山下凿出水道，把水流引入流杯渠中，然后再由北面假山下孔道逶迤流入御沟中，上下水道都隐藏在假山之下，好像泉水由山崖中流出。宴请时，由太监役人等担水注入大水缸内，借水位的落差，将水压入管道，流入渠内，流水将酒杯泛起，停在谁的面前，谁就得饮酒、作诗。禊赏亭的门窗以及亭子周

流杯渠外景

206

流杯渠

围栏杆的栏板和望柱头均饰以竹纹，以附会《兰亭序》中的"茂林修竹"。一些栏板上的竹子还刻成倾斜风动的样子，以附会《兰亭序》中"茂林修竹""惠风和畅"之意境。

在深宫之内，完全人为地修建这样一座禊赏亭，虽然给建筑群添加了几分风雅，但也留下了做作雕琢之痕。

禊赏亭风竹纹栏板

宁寿门前铜狮子

铜狮子

门前陈设石狮子司空见惯，陈设铜制狮子就比较少见了。紫禁城内有六对铜狮子，分别陈设在太和门、乾清门、养心门、长春宫、宁寿门、养性殿的门前。这些铜狮子都是明清时铸造的。养心门、宁寿门、养性殿的为镏金铜狮子，是清代造的，在铜狮子的胸前或铜座上都刻有"大清乾隆年造"的字样。乾清门前的镏金铜狮，威武挺立，造型别致，但没有年款，据文献记载是明代铸造的。

铜狮子蹲踞在铜座或石座上，鬈发巨眼，颈上有髦，颈下系铃和璎珞，四肢刚劲有力，都作张口露齿状，似乎正在咆哮怒吼，表情凶猛。每对狮子都是右雌左雄。雌狮伸出左腿戏斗仰卧的小狮，小狮则口含大狮爪，体现着母子间的温情；雄狮伸出右腿玩耍绣球，雄健有力。

这些铜狮子有些是铜质的，有些是铜质镏金的。镏金工艺就是在铜器的表面涂上金和水银的合金，经烘烤后，水银蒸发，金就附着在器物的表面。据档案记载，清代的镏金铜狮子都要镏金五次之多，制作工艺复杂，技术精益求精。所以铜狮子镏金均匀，在阳光的照耀下，绚丽夺目。

雄狮右腿玩耍绣球

雌狮左腿戏斗小狮

太和门的铜狮

　　紫禁城内以太和门前的一对铜狮子最大，色翠绿泛着灰黄光泽，造型精美，装饰华丽，配置在宏伟高大的太和门前十分协调相称。但它没有镏金，也无年款，据其造型及铸造工艺推测，可能是明代制造的。

太和门前的铜狮

日 晷

唐代韩愈的名篇《进学解》中有"焚膏油以继晷"一句，意思是天黑了，要点燃油灯接替日晷，形容"不分昼夜""夜以继日"地勤奋工作。在太和殿前的东侧便陈设着日晷（guǐ）。

日晷是我国古代的一种计时器，利用地球公转和自转的原理设计而成。日晷的晷盘平行于赤道面，晷针与地轴平行，它相当于地轴，盘面上均匀地刻出 24 条时刻线，相当于一天的 24 小时。使用方法是，太阳照在晷针上，针影随着太阳的移动而移动，根据针影在盘面的位置来测定时间。从春分到秋分的半年中，太阳位于北半球，晷针日影投在晷盘的正面，看晷盘正面的刻度；从秋分到第二年春分的半年里，太阳位于南半球，

紫禁城的很多院落内都设有日晷

养性殿日晷

晷针的日影落在晷盘背面，要看晷盘背面的刻度。日晷要根据安放地点纬度的不同来调整晷盘的角度。

日晷起于何时，已很难考证。古代很早就将它作为一种计时工具，元代科学家郭守敬在周宫测景台遗址上设计建造了观星台和量天尺，这是我国现存的一座测量日晷长度以定夏至和冬至的大型日晷表。现在南京紫金山天文台还保存着明代正统年间（1436年—1449年）制造、清乾隆九年（1744年）重修的铜圭表。

太和殿台基上的日晷，放置在高2.70米、边长1.65米的方形石座上，圆形的石制晷盘（指时盘）直径725毫米，厚85毫米，铁制的晷针长342毫米，插在石盘的中心，上端指向北极，下端指向南极，与晷盘垂直。晷盘上下两面圆周上均匀地刻画出由"子"到"亥"12个时辰，盘面与底座面呈50度的交角，它是北京的纬度（40度）的余角。

紫禁城乾清宫、坤宁宫、养性殿等宫殿前也陈设着日晷。

养性殿前的日晷比太和殿前的小，但雕刻装饰却比太和殿的繁杂许多。这根日晷的石座近似一个瓶形，上置方平石板，座上雕满龙、花卉、卷草纹，石板上放着日晷圆盘，盘下还有雕花的小座支托，整个日晷小巧玲珑，精美典雅。

太和殿日晷

213

太和殿的方形嘉量

嘉 量

太和殿西侧与日晷相对应的位置，摆放着方形的嘉量。嘉量是我国古代的标准容积量器，西汉王莽时期的嘉量包括斛（hú）、斗、升、合（gě）、龠（yuè）五种单位，制作准确，在我国度量衡史上占有重要地位。

太和殿前的嘉量为铸铜镏金材质，放在汉白玉石亭内。亭下为汉白玉石底座，上部雕云气字和海水江涯纹，下部为须弥基座。这件嘉量铸造于乾隆九年（1744年），其上有斛、斗、升、合、龠五种容量单位的刻度。上部为斛，底部是斗，左边的量耳为升，右边的量耳上截为合，下截是龠。一斛等于十斗（后一斛等于五斗），一斗等于十升，一升等于十合，一合等于两龠。

乾隆以前，各地度量衡比较混乱，影响了清王朝的经济收入。乾隆六年，清廷得到了王莽时期的圆形嘉量，同时又考校了唐太宗时张文收所造方形嘉量图形，于乾隆九年（1744年）仿造圆形、方形铜铸嘉量各一件。方形嘉量放置于太和殿前，圆形嘉量置于乾清宫前。乾隆皇帝还写了一篇御制铭，用满汉两种文字刻在嘉量的器壁上，主要阐述了统一度量衡的意义，要将嘉量"列于大廷"，让子孙后代"永保用享"，并要按照钦定的要求去执行。

日晷是计算时间的仪器，嘉量是度量重度的量器，日晷和嘉量置于太和殿前，还有更深一层的象征意义，表示皇帝能够驾驭宇宙时空，支配天地万物，还象征着天下统一。

乾清宫的圆形嘉量

太和殿的龟

龟、鹤

　　紫禁城内，许多宫殿的露台两侧陈设着龟和鹤。太和殿、乾清宫、慈宁宫、皇极殿等露台上以及长春宫前阶下，均设有铜龟、铜鹤各一对。

　　在中国古代，龟、鹤都是长寿的动物。民间把龟与龙、凤、麟合称"四灵"。其特性为："龙能变化，凤能治乱，龟兆吉凶，麟性仁厚。"汉族有这样的神话传说，在远古大洪水时，人皆为洪水所没，天下只剩下兄妹二人，是巨龟救了他们，人类才得以繁衍。可见龟的神性在远古时代就得到人们的崇拜。龟不仅被人们视为长寿的象征，而且它还有灵性，能够占卜吉凶。中国古代的吉祥纹饰中常以龟作为长寿的象征。

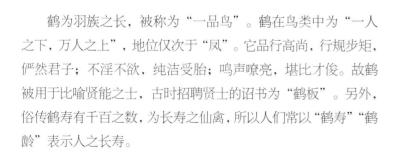

长春宫前的铜龟

太和殿的鹤

鹤为羽族之长，被称为"一品鸟"。鹤在鸟类中为"一人之下，万人之上"，地位仅次于"凤"。它品行高尚，行规步矩，俨然君子；不淫不欲，纯洁受胎；鸣声嘹亮，堪比才俊。故鹤被用于比喻贤能之士，古时招聘贤士的诏书为"鹤板"。另外，俗传鹤寿有千百之数，为长寿之仙禽，所以人们常以"鹤寿""鹤龄"表示人之长寿。

太和殿台基上设鹤于前，设龟于后。有人认为，将鹤放在前面，大概是因为鹤天性警觉——鹤性警，至八月露降，流于草叶上滴滴有声，则高鸣相警、徙所宿处，虑鸣鹤成露，有所变。人们还以"风声鹤唳"来形容听到一点声音就害怕。将龟摆在后面，是因为龟善于观察事物的变化，能够占卜事物发展的吉凶，为了便于它观察，所以摆在后面。把这两种动物放在一起，称"龟鹤齐龄""龟鹤延年"，象征万年长寿；又象征国家长治久安，江山永保。

很多人不知，铜龟和铜鹤的背项均有活盖，腹中空与口相通（后因观众多，已将活盖固定）。清代遇元旦、冬至、万寿三大节在太和殿举行盛大典礼时，要点燃铜龟和铜鹤腹内的松香、沉香、松柏枝等香料。青烟自龟鹤口中袅袅吐出，香烟缭绕，渲染着神秘庄严的气氛。

铜 缸

紫禁城内每座较大的庭院和后宫东西长街，都可以看到排列整齐的大缸，它成为紫禁城内的一景。

宫内陈设的这些大缸，有明代制作的也有清代的。明代大都用铁或青铜制成，镏金铜缸很少，两耳上均加铁环，上侈下敛，古朴大方。清代则多为镏金大铜缸，或者"烧古"大铜缸（也就是把铜缸的颜色烧制成古代青铜的颜色），腹大口收，两耳加兽面铜环，制作精细，外表富丽。

太和殿的铜缸

缸耳与缸环

218

铸款

铁缸中最早的为明弘治年铸造，缸身有弘治年铸造阳文铸款，但这种铸款因为是随缸身凸铸，故已多剥落不清或无款。铜缸中最早的为嘉靖年铸造，缸身有嘉靖四十一年御用监造竖铸代边框铸款。镀金大缸有"双钩大明万历年造"款的四口；还有"双钩大清乾隆年造"款的及无款识的。

宫内各处陈设的缸，也是根据建筑物的等级、大小的变化而变化的。太和殿、保和殿两侧及乾清宫前两侧均陈设镏金大铜缸，而在后宫东西长街上陈设的就是较小的铁缸或青铜缸。

铁缸

冬季加温用的柴口

这些大缸是宫内的消防设施，缸内平时贮满清水，每年到了农历小雪季节，由太监在缸外套上棉套，上加缸盖，下边石座内置炭火，防止冰冻，直到春节后惊蛰时才撤火。实际上木结构建筑真正着起火来，水缸里的水堪称杯水车薪，管不了大用。外表涂金的水缸排列在宫殿前面，自然可以扑灭小火，其更是一种具有象征意义的摆设。现在紫禁城的缸底部都钻了一个小孔，防止雨水的淤积。

若仔细观看会发现，所有铜铸的东西的表面，都有一个个小方块，并不规则地分布在器物的全身。原来在制作铜缸、铜狮这些大型铜制品时，会产生气泡，为掩盖这些小气泡，就用一块块方铜嵌进去，再打磨平整，镏金后，则痕迹全无。只有不镏金或镏金层老损，这些补丁痕迹才会比较明显。

铸造工艺补丁

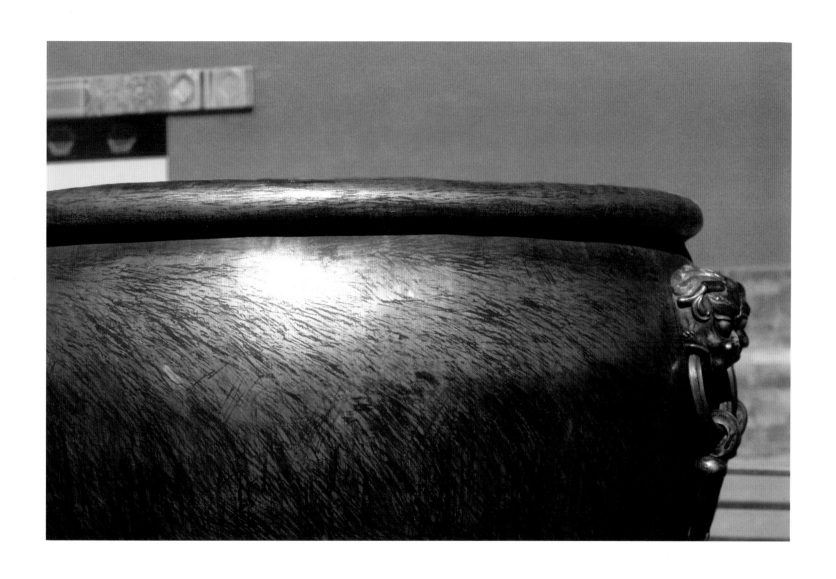

有些镏金铜大缸上留下道道刮痕，传说是当年八国联军入侵紫禁城，为了抢夺金子，把镏金铜缸上的金子刮去而留下的。

铜 炉

在太和殿的三层台阶与露台上放置了18只铜炉。每当国家大典，皇帝登临太和殿时，铜炉焚香，云烟缭绕，宛若天境。铜炉是人与天沟通的助力工具，大型宫殿前都放有铜炉，室内宝座前也放置铜炉，不过材质和工艺与室外的铜炉不同。

明代在奉天殿（太和殿的前称）前的三层台的每层台上都放置铜炉，因明代将地方区域分为18个行省，因此列炉18只。清入主中原后，延续明制，这18只铜炉就一直保留了下来。

养心殿铜炉

太和殿铜炉

乾清宫铜炉

宫 灯

在内廷的东西长街、宫殿门前、宫门两旁均设有路灯。这种路灯的形式为：下部是汉白玉石座，上设铜制重檐攒尖四柱正方形亭灯楼，亭子四面镶玻璃。明清时期，电灯还没有发明，宫内夜间的道路照明主要靠这些路灯。这些路灯是明代建紫禁城时造的，当时还没有玻璃，路灯的四壁使用铜丝网。清代晚期，玻璃的使用逐渐普遍起来，路灯的铜丝门壁也改用玻璃，既明亮又防风。当时玻璃中间画有红色大圆寿字，四角各画一个蝙蝠象征福寿。

每晚夜幕降临，内府库监添油点灯，以便巡防看守。宫内为了防火，严格管理灯的使用。清代规定外朝除朝房及各门外，均不设灯。明清两代还规定，铜路灯只能在紫禁城内使用，其他地方不得使用。清乾隆朝和珅在自己的府中逾制设有铜路灯，嘉庆抄和珅家后，将其房产赐给庆亲王永璘作为王府。嘉庆二十五年，永璘的儿子郡王绵慜不敢用这些铜路灯，将36对铜路灯恭缴大内。这些路灯后来分别陈设在景运门、隆宗门外。

紫禁城的铜路灯曾经遭到过两次浩劫。第一次是明末，魏忠贤秉笔弄权时，将路灯尽数撤收，据传说是为了便于其夜间暗中活动。第二次是抗日战争时期，日本侵略军为搜劫军火资源，将紫禁城内开放参观区内的铜路灯全部拆毁，装车运出。值得庆幸的是，这些路灯运至天津口岸时，恰逢日本侵略军无条件投降，被拆毁的路灯得以运回紫禁城。修整之后，一直陈设在紫禁城内。

清末宫内安上了电灯，设有发电机，宫内照明就方便多了。

墙壁上的宫灯

落地宫灯

乾清宫西侧的社稷江山金殿

社稷江山金殿

乾清宫台基下的东西两侧，各有一座镏金铜殿，称社稷江山金殿。

社稷江山金殿由石质基座和铜质镏金的社稷江山金殿两部分组成。石基上面放置的社稷江山金殿，形状为仿木建筑的正方形重檐攒尖顶殿宇模型。每面均安置裙板镂刻升龙图案、绦环板刻宝相花的菱花槅扇门，额枋上浅刻双龙旋子彩画，四个柱础上刻覆莲纹。整座金殿造型庄严，制作精细，展示了中国古代铸造工艺的精湛。

"社稷"与"江山"都是国家的代称。《礼记》中说："能执干戈以卫社稷。"《三国志》中有"割据江山，拓土万里"之句。

社稷江山金殿局部

其中就是用"社稷"和"江山"代表国家。建造紫禁城时，在紫禁城的西侧今中山公园内建造了一座社稷坛，在紫禁城内乾清宫台基下面两侧设置了两个社稷江山金殿，这都是为了显示皇帝的尊贵和其至高无上的权力，以体现"普天之下，莫非王土；率土之滨，莫非王臣"的理念。

云龙纹裙板

幡杆颊石雕

　　在御花园钦安殿台阶下有一个高大的方形青白石基座，高 2.1 米，每面宽 1.4 米，由几块雕刻精美的巨石拼成，并用两个铁箍紧紧地将它们束紧，基座下用一块石阶衬托。

　　雕刻如此精美的石雕放在钦安殿的台阶下，是纯粹的装饰品吗？其实这是一个幡杆颊，也就是插旗的基座。幡杆颊中原来还立有木质的幡杆，并高出紫禁城，跳出黄瓦绿树之上，成为御花园明显的标志。如今幡杆已经不在了，幡杆颊却完好地保存下来。

正面升龙降龙浮雕

侧面升龙降龙浮雕

石颏的顶部由四面连续的雕刻图案组成——座座高山，山腰间白云朵朵。

石颏的中部是主体部位，由四块大石雕组成，四面是相通的双龙戏珠图案，中心两条飞舞的巨龙，一升一降，头尾相接，围绕着宝珠游戏，在翻腾的云海间遨游。下面是汹涌的波涛，巨浪拍击礁石，卷起千层浪。颏体采用高浮雕的艺术手法，同时根据主次进行深浅不同的处理。双龙与宝珠凸出平面6厘米至7厘米，礁石约凸出4厘米，飞卷的海浪凸出约2厘米。龙的形象尤其生动，龙爪尖利，从云层中露出，增加了飞龙的动感。

石颏下部的平面石阶上，雕刻着海水。海浪平缓，一波连一波组成连续性的画面。海水中隐藏着各种礁石，海兽、水怪出没其间——东面有蟹精，南面是螺蛳精，西面是海龟、海牛，北面是海象。平石阶的四角各雕刻成一个漩涡，漩涡中还浮现出一只只鳖、鱼、虾、蟹等动物。鱼弯曲着身躯在水面上跳跃，鳞片疏密相间；虾，长长的须，细细的足，摇摆着尾巴在水中游弋；蟹的爪和钳上的茸毛都刻画得细致入微；最有趣的是鳖，正吃力地爬出漩涡，脖子伸得长长的，四只爪子有的已浮出水面，有的露出半只，还有一只在水中用力地划水，好像用尽了全身的力气，拼命地在漩涡中挣扎。在紫禁城中，这座石颏是一件艺术水准很高的石雕作品。

灯杆座

在乾清宫和皇极殿丹陛前有四座汉白玉石雕，不少参观者被它们精美的造型和活泼的动物形象所吸引，却不知这是一件什么宝贝。其实这是明清时期宫内插灯杆用的灯杆座。乾清宫前的是明代设置的，皇极殿前的是清朝乾隆年间安装的。

汉民族自古就有元宵节举办灯会的习惯，自汉代，宫中也开始流行元宵节上灯的习俗，以后历代相袭，明清时期的紫禁城内元宵灯会从腊月二十四日开始上灯，正月十四、十五、

十六三天是灯节的高潮，一直延续到正月十八结束。

上灯的典礼非常隆重。上灯之夜，宫监传首领太监到丹陛上两边排立，营造司首领向上行一跪一叩礼，还要伴以音乐，歌中唱道："愿春光，年年好，三五迢迢。不夜城，灯月交，奉宸欢，暮暮朝朝。成斋成卿，万朵祥云护帝霄。"

皇极殿丹陛前的灯杆座

灯杆座石雕局部

灯杆座嵌铁插杆洞

太和门东侧的马道

马 道

　　漫步紫禁城太和门广场，会发现太和门东西庑房以及协和门、熙和门前的台阶是用砖或条石砌成的坡道。由于坡度比较小，又没有一级一级的台阶，便于车马通行，因此人们一般称它为"马道"。马道多用于通向城楼的通道和常走车马的大门内外，主要供车辆运输之用。

　　紫禁城内最大的马道应为通向午门城楼的马道，它主要是为了适应军事防卫的需要，以便车马把武器送到城墙上。这个马道也是皇帝登上午门城楼的必经之路。

232

西庑房的坡道

便于车行的可拆装门槛

下马碑

　　东华门、西华门两侧各设有一座石碑，俗称下马碑。碑身正面用满、蒙、汉、回、藏五种文字镌刻"至此下马"四个字。

　　午门前的阙左门、阙右门外，也各有一座下马碑，碑身正面镌刻汉、满、藏三种文字，内容是"官员人等至此下马"八个字。

　　下马碑为清代所设。清代规定，文武官员上朝一律由东华门、西华门进入，或经过东华门、西华门绕至午门进入。到达下马碑前，文官下轿，武官下马，然后步行进入皇宫，文武官员均不许在皇宫内骑马、坐轿。也有例外，但要经皇帝的特许才可骑马或乘轿进入紫禁城。只有极少数年迈的功臣才能得到这样的恩惠。

西华门下马碑

东华门下马碑

汉、满、藏三种文字

养心殿围板

进入紫禁城西路的养心殿，可以看见一座很怪异的建筑，就是在养心殿正殿的前檐建了一个抱厦。奇怪的是抱厦只建在明间和西次间前，东次间窗前开敞，没有抱厦。更奇怪的是，西次间的抱厦柱子之间还安装了半截木板墙，这种不对称的格局看上去很别扭，而且在紫禁城内绝无仅有。养心殿建筑为什么要做如此的处理呢？这恐怕还得从养心殿的用途中找原因。

养心殿建于明代，当时皇帝的寝宫是乾清宫，清雍正皇帝时，其父康熙皇帝新死，灵柩放在乾清宫，雍正皇帝登基后不愿意住到他父亲住了60多年的乾清宫去，便住在养心殿为他父亲守孝。守孝期满后，他因养心殿与军机处距离很近，以召见大臣方便为由再没有搬进乾清宫。养心殿既是他的寝宫，也是他处理日常事务的地方。雍正以后各朝的皇帝一直沿用这个习惯，养心殿也就取代了乾清宫的功能，成为皇帝处理政务和生活起居的重要场所。

养心殿围板内景

由于建筑功能的改变，建筑的形式也随之进行了修改。雍正时期重修养心殿，调整了它的建筑格局以适应功能的需要，室内作了灵活的分隔。明间设宝座，是召见群臣，举行常朝的地方。西次间分隔成中间大两边小的三间，当中较大的一间面南设坐榻，坐榻上方的墙上悬挂"勤政亲贤"的横额，这里是皇帝与军机大臣等亲信商谈机要、批阅奏章的地方。传说为了防止宫监的窥视，同时避免院中候见的人一眼就看见室内的动静及皇上的举止表情，便在西次间屋外抱厦的柱子间安装了半截围板，以增加私密性。至于养心殿围板的真正作用尚需进一步探究。

养心殿西侧围板

养心殿围板外景

坤宁宫烟囱

坤宁宫西北有一座砖砌的烟囱，而且是从地面一直砌到房顶。它既和一般的烟囱从山墙内到屋顶上不一样，也和紫禁城富丽堂皇的整体风格有些不和谐。为什么在坤宁宫的后面砌起这样一座烟囱呢？它是干什么用的呢？无独有偶，在满族入主中原之前的皇宫——盛京（沈阳）故宫内的清宁宫后面也有一个这样的烟囱。它们之间有什么关联吗？

清军入关时，李自成起义军已将紫禁城大部宫殿烧毁，后来清王朝对其进行全面的修复。修复紫禁城基本上延续了明王朝皇宫的格局、形制，但对坤宁宫进行了较大的改动，原则是按照满族的建筑特点，并仿照了沈阳故宫的清宁宫。

满族人聚集的东北地区有一句俗语："口袋房，万字炕，烟囱栽在地面上。"坤宁宫就是根据这种满族民居的形式改建的，其面阔九间，直棂吊搭窗，窗纸外糊。室内也根据需要进行改造。东次间、明间及西次间、稍间贯通，西、北、南三面环炕。东二次间及东稍间为皇帝大婚洞房。西大炕供朝祭神位，北炕供夕祭神位，殿南立神杆。这种建筑形式是源于东北高寒地区满族民间的居住习俗，并与满族信奉的萨满教的祭神仪式有关。坤宁宫的西部是供奉神位的地方，每天有朝祭、夕祭仪式。平时由司祝、司香等人祭祀，大祭的日子皇帝皇后参加。所祭的神包括释迦牟尼、关云长、蒙古神、画像神等神仙，多至十五六个。祭祀时要进糕、进酒、杀猪、唱诵神歌，并有音乐伴奏。平时每天宰猪四头，春秋大祭时宰 39 头。而且就在宫内杀猪、煮肉、做糕，并就地吃肉。坤宁宫内西北角设的灶间，就是祭神时煮肉、做糕用的。其烟囱的形制则是按照满族民居的习惯"烟囱栽在地面上"砌建的。

长春宫游廊壁画

　　长春宫是紫禁城西六宫之一。长春宫院落的别致之处在于长春宫与体元殿后抱厦相连的回廊上绘制了十八幅壁画。这十八幅壁画与墙齐高、宽度各异，描绘的都是《红楼梦》中"大观园"的场面，如宝钗扑蝶、湘云醉卧、海棠诗社、潇湘雨夜、太虚幻境、贾母游园、怡红夜宴、栊翠品茶、晴雯撕扇、四美垂钓等，由于历时久远、风吹日晒，壁画色彩已不再鲜明如初，局部出现皴裂痕迹。为保护壁画，故宫博物院在 20 世纪 90 年代为它们安上玻璃罩，但壁画的恢宏格局与气象，仍依稀可辨。

贾母游园（局部）

贾母游园

太虚幻境

每一幅壁画就是一个独立的红楼场景，讲述着《红楼梦》的故事。更有趣的是这十八幅壁画中位于长春宫游廊东西尽头的两幅画，以墙壁、廊柱、栏杆、顶棚作为绘画的前景，运用西方绘画的焦点透视的技法，与长春宫游廊互相衔接，将壁画中的"大观园"与长春宫紧密地结合起来，通过这两幅壁画可以"轻易地"从长春宫"走进""走出"大观园。

清晨，从长春宫往东走，一名女子，似乎是林黛玉，仿佛在迎接着观看者走进她的翠竹掩映的潇湘馆，引领着观者游览大观园，进入蘅芜苑、秋爽斋、芦雪广、藕香榭、怡红院，参与众姐妹们的游赏、写诗、吟诵、对弈、垂钓等活动，此时已到傍晚时分，夕阳西下，月亮升起，"月移竹影"（西廊尽头画上的匾），月亮照在竹林上落下了斑驳的影子，游玩了一天，到了该回去的时候了。便从游廊的西边回来，然而却是多么恋恋不舍，在宝玉的注目下一步一回头地走回长春宫。

这是一种由奇妙的视觉文化艺术创造的"虚拟世界"，堪称古代的"VR 体验"。在这个"虚拟世界"里，宫廷绘画和古典建筑相辅相成，让身处其中的人产生如梦似幻的错觉，分不清是在画中还是在现实。

东廊壁画

242

观者通过游览错视觉壁画，便将大观园的图绘风景尽收眼底，这两幅线法通景画，将长春宫与大观园变成一个整体的"交互空间"。

据说这组《红楼梦》壁画与慈禧太后有关，慈禧太后酷爱《红楼梦》，她曾在一部由陆润庠等数十人精楷抄录的《红楼梦》上，留下了"细字朱批"。她在生活中常模仿《红楼梦》中的生活场景，学着贾母带领着孙儿、孙女、娘家孙女、外孙女、姨表孙女，以及孙媳妇、丫头、婆子等一大群人在颐和园游园烤肉。慈禧太后曾在长春宫居住，还把长春宫前的体元殿后抱厦建成戏台，节庆日在长春宫院落搭建临时的戏台。可以想象在当时，戏台上的表演、墙上的壁画、游廊上的线法通景画相互配合，长春宫可以形成一个整体表演空间，打造了一个红楼梦的"太虚幻境"，让观者不自觉沉浸在如同"VR 互动体验"的奇妙感觉里，真正做到了画与空间的巧妙结合。这是线法通景画与故宫古建筑，一起营造的顶级空间美学。

西廊壁画

延禧宫

延禧宫是东六宫之一。建于明永乐十八年，初曰长寿宫。明嘉靖十四年改名延祺宫，清曰延禧宫，康熙二十五年重修。原为两进院落，前院正殿5间，东西有配殿各3间，后院后殿5间。明清均为后妃居住，清道光帝之恬妃富察氏、成贵人曾在此居住。道光二十五年毁于火。同治十一年曾议复建，后未行。延禧宫烫样呈现了同治十一年拟重建的样式。

宣统年间隆裕皇太后在宫原址建水殿，名灵沼轩，俗名"水晶宫"。实际就是蓄水观鱼的水殿，共有三层，下层浸泡在水池中，四壁镶嵌玻璃，人在其中，可以观赏四周的游鱼。上层三座铜亭，就是用框架和玻璃镶嵌成的三座大鱼缸，人进入中层，透过玻璃地板和屋顶，就可以看到脚下、头顶和四壁都是游鱼，宛如龙宫仙境，所以称为水晶宫。但一直未建成，1911年清朝结束，建设工程也就停止了，1917年张勋复辟，宫北部又被直系飞机炸毁，就留下了宫内的这座烂尾楼。

延禧宫烫样

244

延禧宫灵沼轩侧面

延禧宫灵沼轩正面

图书在版编目（CIP）数据

局部紫禁城 / 张淑娴，窦海军 著． -- 北京：作家出版社，2020. 12
ISBN 978-7-5212-1176-4

I. ①局… II. ①张… ②窦… III. ①故宫－建筑艺术－研究 IV. ① TU-092. 48

中国版本图书馆 CIP 数据核字（2020）第 217820 号

局部紫禁城

作　　　者：张淑娴　窦海军

责任编辑：窦海军

装帧设计：陈　黎

出版发行：作家出版社有限公司

社　　　址：北京农展馆南里 10 号　　　邮　　　编：100125

电话传真：86-10-65067186（发行中心及邮购部）
　　　　　　86-10-65004079（总编室）

E-mail：zuojia@zuojia.net.cn

http://www.zuojiachubanshe.com

印　　　刷：北京盛通印刷股份有限公司

成品尺寸：250×253

字　　　数：61 千

印　　　张：21.5

版　　　次：2021 年 1 月第 1 版

印　　　次：2021 年 1 月第 1 次印刷

ISBN 978-7-5212-1176-4

定　　　价：160.00 元